陈书明　宋智军　余少勇　编著

深入浅出人工智能

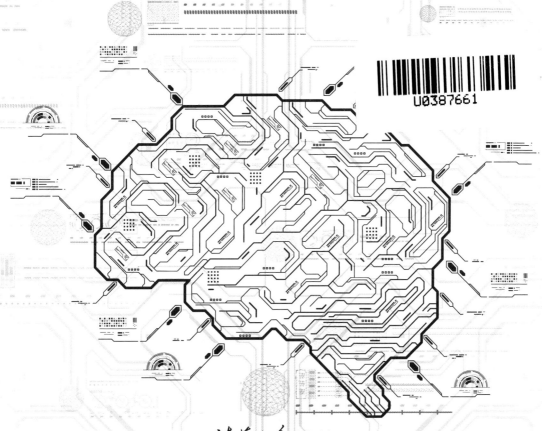

U0387661

清华大学出版社
北京

内 容 简 介

　　本书以通俗易懂的语言，全面介绍了人工智能的原理、技术、应用场景及典型案例。书中从计算机视觉、机器学习、自然语言处理和知识图谱等人工智能的关键技术切入，深入探讨了图像识别、语音识别、无人驾驶、聊天机器人、智能家居等人工智能的应用领域。通过使用简单易学且功能强大的 Python语言，书中实现了人工智能实用场景的构建和验证。

　　对于对人工智能感兴趣但缺乏相关背景知识的初学者来说，本书是一本理想的入门读物；而对于已经具备一定人工智能基础知识的读者，本书也能帮助他们深化对人工智能原理和算法的理解。无论您是人工智能的新手还是已有一定基础的读者，本书都能为您提供有价值的信息和知识。

图书在版编目(CIP)数据

深入浅出人工智能 / 陈书明，宋智军，余少勇编著. -- 北京：清华大学出版社，2024. 11. -- ISBN 978-7-302-67477-1

Ⅰ. TP18

中国国家版本馆 CIP 数据核字第 2024MV8401 号

责任编辑：魏　莹
封面设计：李　坤
责任校对：李玉茹
责任印制：宋　林
出版发行：清华大学出版社
　　　　　网　　　址：https://www.tup.com.cn, https://www.wqxuetang.com
　　　　　地　　　址：北京清华大学学研大厦 A 座　　　邮　　　编：100084
　　　　　社 总 机：010-83470000　　　　　　　　　邮　　　购：010-62786544
　　　　　投稿与读者服务：010-62776969, c-service@tup.tsinghua.edu.cn
　　　　　质量反馈：010-62772015, zhiliang@tup.tsinghua.edu.cn
印 装 者：河北鹏润印刷有限公司
经　　　销：全国新华书店
开　　　本：185mm×230mm　　　印　　张：16.5　　　字　　数：395 千字
版　　　次：2024 年 11 月第 1 版　　　　　　　　印　　次：2024 年 11 月第 1 次印刷
定　　　价：69.00 元

产品编号：105198-01

序

人工智能，在当今时代，已不再是一个陌生的词汇，它以一种前所未有的速度渗透到我们生活的方方面面，重塑着我们的经济、社会和文化。作为一名在人工智能领域长期坚持不懈、潜心钻研且默默耕耘的高校教师，我见证了这个领域重新焕发到蓬勃发展的全过程，深知其蕴含的巨大潜力以及给人类社会带来的深刻变革。从医疗保健到金融服务，从交通运输到教育娱乐，人工智能的应用场景日益广泛，其影响力也愈发深远。

然而，对于大多数人来说，人工智能仍然笼罩着一层神秘的面纱，其复杂的技术原理和算法让人望而却步。《深入浅出人工智能》这本书的出版，对于渴望了解和探索人工智能世界的读者来说，恰逢其时。它以一种"深入浅出"的方式，将人工智能的精髓呈现给读者。作者凭借其扎实的专业知识和丰富的实践经验，巧妙地将深奥的理论转化为通俗易懂的语言，让即使没有深厚技术背景的读者也能轻松理解。在书中，你不会被晦涩难懂的公式和术语所困扰，而是会通过一个个生动的案例和形象的比喻，直观地感受到人工智能的魅力和力量。

对于初学者来说，《深入浅出人工智能》是一本不错的入门指南。它从人工智能的基础知识入手，逐步引导读者了解机器学习、深度学习、自然语言处理、计算机视觉等核心领域。每一个概念都被详细解释，每一项技术都有实际案例加以说明，让读者在轻松愉快的阅读过程中建立起对人工智能的基本认知框架。同时，书中还设置了一些简单的实践环节和思考习题，鼓励读者动手尝试，培养他们的实践能力和创新思维。值得关注的是，这本书绝非仅仅是一本普通的入门指南，它在为读者介绍完人工智能的基本概念和技术后，积极地引导读者深入思考人工智能对社会、经济、文化，乃至教育本身所产生的深远影响。

衷心希望每一位读者都能从这本书中收获知识，受到启发，踏上属于自己的人工智能探索之旅。无论你是学生、教师、科研人员，还是普通的爱好者，都能在这本书中找到属于自己的价值。相信在不久的将来，我们会看到越来越多的人因为这本书而走进人工智能的世界，为推动这个领域的发展贡献自己的力量。

最后，要感谢《深入浅出人工智能》的作者们，是他们用智慧和笔触为我们呈现了这样一部作品。相信这本书会成为许多人工智能领域从业人员书架上的常客，引领他们在人工智能领域不断探索。

江西师范大学

前言

近些年来，随着波士顿动力公司的机器人、ChatGPT 聊天机器人等人工智能产品的出现，人工智能一跃成为 21 世纪的研究热点，世界各地正在掀起一场人工智能革命，以期尽快研发出人工智能的新技术、新产品、新业务，抢占各行各业的战略市场。身处"人工智能时代"的本科院校的大学生，应该掌握人工智能的基本知识、原理和应用，能够主动地运用人工智能的基本知识和基本原理分析与解决本专业或本行业所面临的一些问题。

2018 年 4 月 2 日，教育部印发了《高等学校人工智能创新行动计划》的通知，旨在引导高等学校瞄准世界科技前沿，不断提高人工智能领域科技创新、人才培养和国际合作交流等能力，为我国新一代人工智能发展提供战略支撑。因此，为了响应国家大力发展人工智能号召，本科院校人工智能基础课程的开展势在必行，这也是不断适应社会、国家发展的需要。为此，龙岩学院积极响应教育部的号召，针对当前本科院校大学生的特点，编写了本书，为引导大学生走进人工智能打下坚实的基础。

通过本书的学习，读者可以轻松理解人工智能的发展历程、人工智能的基本流派、人工智能的关键技术、人工智能应用场景等知识点，进而让读者熟练掌握人工智能的基本知识和基本原理，从而提高读者分析及解决人工智能问题的能力。

本书最大的特点是结合生活应用案例，采用通俗易懂的语言来讲授人工智能的关键原理、技术和应用场景。书中特别采用 Python 这种广为流行且易于学习的编程语言，来再现人工智能的一些应用场景，让读者能够轻松上手并深入理解这些技术。

　　本书围绕计算机视觉、机器学习、自然语言处理、知识图谱、感知技术等关键技术展开阐述，进而探索图像识别、语音识别、无人驾驶、聊天机器人、智能家居等人工智能应用场景。通过学习这些内容，读者不仅能够获得理论知识，还能通过实际操作来加深对人工智能技术的理解。

　　为了让读者能够更加便捷地操作书中的实例，提升学习效率，本书所有实例的源代码可以通过扫描下方的二维码轻松获取。

扫码下载源代码

　　由于作者水平有限，书中难免出现不足或纰漏之处，恳请广大读者提供宝贵的意见或建议。

编　者

目录

第 1 章

人工智能概论

"如果你问我未来 20 年最重要的技术是什么,我会告诉你是人工智能。人工智能会像一百多年前的电力一样重要。"

——凯文·凯利　美国《连线》杂志创始主编

1.1　人工智能的定义和分类

1. 人工智能的定义

《人工智能标准化白皮书(2018 版)》将人工智能定义为:人工智能(Artificial Intelligence,AI)是利用数字计算机或者数字计算机控制的机器模拟、延伸和扩展人的智能,感知环境、获取知识,并使用知识获得最佳结果的理论、方法、技术及应用系统。

在人工智能的定义中,被广泛接受的定义有几种,在此简要列举比较常用的几种人工智能的定义。

定义 1:人工智能是一种使计算机能够思维,使机器具有智力的激动人心的新尝试(Haugeland,1985 年)。

定义 2:人工智能是研究那些让理解、推理和行为成为可能的计算(Winston,1992 年)。

定义 3:人工智能是与人类思考方式相似的机器和计算机程序。

从根本上讲,这是一种类似仿生学的直观思路,用程序模拟人的思考方式。

定义 4:人工智能是与人类行为相似的机器和计算机程序。

该观点认为,只要该功能与人在类似的环境下的行为相似,就可以说这个计算机程序拥有了该领域的人工智能。

定义 5:人工智能是能够学习的机器和计算机程序。

这一定义认为,具备机器学习、数据挖掘、深度学习能力的机器和计算机程序就可以称为人工智能。

定义 6:人工智能是根据对环境的感知做出合理的行为并获得最大的收益的机器和计算机程序。

为了更形象地解读人工智能的含义,我们从以下三个方面来分析何谓人工智能。

(1) 人工智能研究的目的是延伸和扩展人类功能与人类智慧。

(2) 人工智能的本质是人创造的机器和计算机程序,不是天然存在的。

(3) 人工智能的作用是让机器和计算机程序比人更会看、会听、会说、会读、会写、会思考、会决策、会行动。

人工智能示意图及其延伸人的功能体系分别如图 1.1 和表 1.1 所示。

图 1.1　人工智能示意图

表 1.1　人工智能延伸人的功能体系

序　号	人的能力	人工智能对应的识别功能	模拟、扩展人的功能
1	会看	图像识别	模拟、扩展人的视觉功能
2	会听	语音识别	模拟、扩展人的听觉功能
3	会说		模拟、扩展人的视觉智能
4	会读	语义识别	模拟、扩展人的语言功能
5	会写		模拟、扩展人的触觉功能
6	会思考	逻辑思考	模拟、扩展人的大脑思维功能
7	会决策		
8	会行动	步态识别	模拟、扩展人的行动功能
9	综合运用	综合各类识别	模拟、扩展人的综合功能

2. 人工智能的分类

人工智能是一个知识工程领域，是让机器模仿人类利用知识完成一定行为的过程。根据人工智能是否能真正实现推理、思考和决策，可将人工智能分为弱人工智能和强人工智能。

1) 弱人工智能

弱人工智能是指不能真正实现推理和解决问题的智能机器，这些机器从表面上看像是智能的，其实并不算拥有智能，也没有自我分析、自我思考、自我决策、自我执行的能力。

当今，人工智能研究的方向仍然集中在弱人工智能，并在不同领域中取得了显著的成果，如在语音识别、图像分类、物体检测、机器翻译等方面取得了重大突破，甚至可以接近或超越人类的水平。

2) 强人工智能

强人工智能(又称通用人工智能或类人智能)是指拥有人类思维意识的智能，也就是说，拥有强人工智能的机器能够进行自我分析、自我思考、自我决策、自我执行。这类强人工智能机器可分为类人工智能(机器的分析、思考、推理、决策方式类似人的思维方式)与非类人工智能(这类机器分析、思考和推理的方式不同于人的思维方式)两大类。

从一般意义来说，达到人类水平的、能够自适应地应对外界环境挑战的、具有自我意识的人工智能称为强人工智能。强人工智能不仅在哲学上存在巨大争论(涉及思维与意识等根本问题的讨论)，在技术的研究上也具有极大的挑战性。

1.2　人工智能的特征

根据《人工智能标准化白皮书(2018 版)》可知，人工智能具有以下三大特征。

(1) 由人类设计，为人类服务，本质为计算，基础为数据。

从根本上说，人工智能系统必须以人为本，通过人类设计的算法或软件采用人类发明的硬件设备来工作。人工智能的本质体现为数据计算，通过对图像、视频、语音等各类数据的采集、加工、处理、分析和挖掘，形成有一定价值的信息流和知识模型，为模拟、延伸和扩展人类能力服务，实现人类对机器期望的一些"智能行为"的模拟。人工智能的目的是服务人类，而不是伤害人类。

(2) 能感知环境，能产生反应，能与人交互，能与人互补。

人工智能应能通过传感器等硬件设备了解、感知外界环境(包括人类)信息，可以像人一样通过听觉、视觉、嗅觉、触觉等获得来自环境的各种信息，并对外界输入产生文字、语音、表情、动作(控制执行机构)等必要的反应，甚至影响环境或人类。借助按钮、键盘、鼠标、屏幕、手势、体态、表情、力反馈、虚拟现实/增强现实等方式，人与机器之间可以产生交互，使机器设备越来越"理解"人类，乃至与人类共同协作、优势互补。

(3) 有适应特性，有学习能力，有演化迭代，有连接扩展。

人工智能应具有一定的自适应特性和学习能力，即具有一定的随环境变化而自适应调节参数或更新优化模型的能力；并且能够在此基础上通过与云、端、人、物越来越广泛深入的数字化连接扩展，实现机器客体乃至人类主体的演化迭代，以使系统具有适应性、鲁棒性、灵活性、可扩展性，来应对不断变化的现实环境，从而使人工智能系统在各行各业得到丰富的应用。

1.3　人工智能的主要流派

　　人工智能在发展过程中涌现出很多流派，主要有符号主义、联结主义、行为主义等流派。这些流派相辅相成，共同推进了人工智能的发展。人工智能的发展历程如图 1.2 所示。

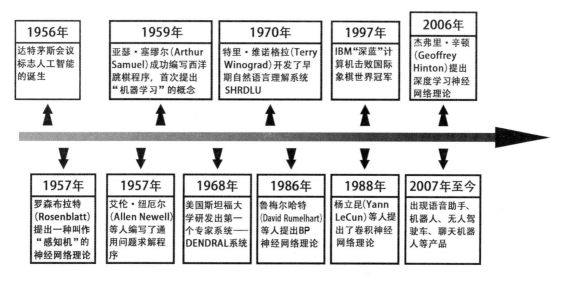

1956年	1959年	1970年	1997年	2006年
达特茅斯会议标志人工智能的诞生	亚瑟·塞缪尔(Arthur Samuel)成功编写西洋跳棋程序，首次提出"机器学习"的概念	特里·维诺格拉(Terry Winograd)开发了早期自然语言理解系统SHRDLU	IBM"深蓝"计算机击败国际象棋世界冠军	杰弗里·辛顿(Geoffrey Hinton)提出深度学习神经网络理论

1957年	1957年	1968年	1986年	1988年	2007年至今
罗森布拉特(Rosenblatt)提出一种叫作"感知机"的神经网络理论	艾伦·纽厄尔(Allen Newell)等人编写了通用问题求解程序	美国斯坦福大学研发出第一个专家系统——DENDRAL系统	鲁梅尔哈特(David Rumelhart)等人提出BP神经网络理论	杨立昆(Yann LeCun)等人提出了卷积神经网络理论	出现语音助手、机器人、无人驾驶车、聊天机器人等产品

图 1.2　人工智能的发展历程

1.3.1　符号主义学派

　　符号主义学派又称逻辑主义学派或计算机学派。

　　符号主义学派认为，人工智能源于数学逻辑，人的认知基元是符号，认知过程即符号操作过程；符号认知过程是一个符号获取、存储、分析、处理的过程，通过分析人类认知系统所具备的功能和机能，然后使用计算机来模拟人的这些功能，从而实现人工智能。

　　符号主义学派的发展大概经历了以下两个阶段。

　　第一阶段：推理期(20 世纪 50 至 70 年代)，人们基于符号知识表示，通过演绎推理技术取得了很大的成就。

　　第二阶段：知识期(20 世纪 70 年代)，人们通过符号表示和领域知识的获取与应用，在构建专家系统方面取得了显著的成就。

1.3.2 联结主义学派

联结主义学派又称仿生学派或生理学派。

联结主义学派认为，人工智能源于仿生学，特别是对人脑模型的研究，人的思维基元是神经元，而不是符号处理过程。连接主义学派经历了三个阶段。

第一阶段：20世纪60至70年代，对以感知机(Perceptron)为代表的人脑模型的研究曾出现过热潮。

第二阶段：20世纪80年代，霍普菲尔德教授提出用硬件设备模拟神经网络；1986年，鲁梅尔哈特等人提出BP(Back Propagation)神经网络算法来模拟人脑分析问题和决策问题。

第三阶段：进入21世纪后，联结主义学派推动了深度学习理论。

1.3.3 行为主义学派

行为主义学派是西方心理学的主要流派之一，其学习理论主要是联结论和刺激反应论。

行为主义学派把目标聚焦在相对低等的生物身上，他们发现昆虫这种比人类简单得多的生物也表现出了非凡的能力，比如，可以灵活地行走，躲避障碍物，快速精准地捕食猎物，等等。从这点出发，行为主义学派模仿动物的行为，在不需要大脑干预的情况下，仅凭四肢和关节的协调来适应环境。行为主义学派大概经历了三个阶段。

第一阶段：20世纪40～50年代，受控制论思想的影响，早期的人工智能专家维纳(Wiener)和麦克洛克(McCulloch)等人提出的控制论和自组织系统，以及钱学森等人提出的工程控制论和生物控制论影响了许多领域。

第二阶段：20世纪60～70年代，播下智能控制和智能机器人的种子，并在20世纪80年代诞生了智能控制和智能机器人系统。

第三阶段：20世纪末，行为主义学派以人工智能新学派的面孔出现，引起许多人的兴趣。这一学派在机器人领域成果卓著，例如，美国波士顿动力公司模仿小狗的行为研发出"Big Dog"，模仿人的开门行为研发出"开门机器人"。

1.4 人工智能编程语言——Python

在人工智能研究和应用上，主要有Python、Java、C++及R等编程语言，而Python是一种简单易学、功能强大、兼容性强且被广泛应用的编程语言，其被广泛应用于人工智能算法的研究和实现，逐渐成为人工智能领域的主流编程语言之一，深受广大人工智能研究者的青睐。Python 语言具有如下三大优势。

1）拥有丰富的数据处理库

Python 语言在科学计算和数据处理方面有着丰富的扩展库，如 NumPy、Pandas、Matplotlib 和 SciPy，这些扩展库提供了丰富的数据处理和数据分析函数，使人工智能算法的实现更加便捷、高效。

NumPy 扩展库提供了丰富的数组和矩阵处理函数，主要包括数组索引、数组切片、数组数学运算、CSV 存取数组数据、矩阵变换、矩阵运算等函数，为数值计算提供了强大的支持。

Pandas 扩展库支持多种格式(如 CSV、Excel 格式)的文件，可以方便地从文件中读写数据，以及进行数据的筛选、排序、聚合、统计与数据可视化等操作，为数据处理提供了丰富的工具。

Matplotlib 扩展库提供了各种画图函数(比如画折线图、柱形图等)，可以使数据以图表的形式呈现给用户，大大增强了数据的表达效果。

2）拥有强大的学习库

Python 语言拥有丰富的机器学习和人工智能扩展库，如机器学习库 Scikit-learn、神经网络库 TensorFlow、高级神经网络库 Keras 和开源深度学习库 PyTorch，提供了丰富的机器学习和深度学习算法与模型。

其中，Scikit-learn 扩展库拥有强大的机器学习算法集，比如线性回归算法、逻辑回归算法、k 均值算法、决策树算法、支持向量机算法、朴素贝叶斯算法、随机森林算法等；同时，Scikit-learn 扩展库还提供了丰富的试验样本数据集，分别为通用数据集和真实世界中的数据集，这些数据集对应的函数信息可参考本书附录。

(1) 通用数据集。

通用数据集包含波士顿房价数据集、鸢尾花数据集、糖尿病数据集、手写数字集、体能训练数据集、红酒数据集、威斯康星辛州乳腺肿瘤细胞数据集等七个数据集。

(2) 真实世界中的数据集。

真实世界中的数据集主要包括 Olivetti 脸部图像数据集、做好类别标签的人脸数据集、森林植被类型数据集、路透社新闻语料数据集、网络入侵检测数据集、物种分布数据集等。

机器学习算法一般会把数据集按一定的比例(比如 7∶3 或 7.5∶2.5 或 8∶2)分成两部分，一部分是训练数据，用于训练和构建数据模型；另一部分是测试数据，用于评估模型和测试数据。

TensorFlow 和 PyTorch 库提供了丰富的图像识别、语音识别、自然语言处理等人工智能函数库，使开发人员能够更轻松地研究和开发人工智能的相关功能。

3）拥有丰富的计算机视觉库

Python 语言还拥有丰富的自然语言处理和计算机视觉库，如 NLTK 和 OpenCV，这些扩展库提供了文本数据和图像数据处理的算法及工具，使人工智能系统可以更好地理解和处理自然语言与图像。

1.5　人工智能的关键技术

人工智能以计算机视觉、机器学习、感知技术等技术为基础进行感知环境、自我学习、自我分析、自我决策、自我执行等人工智能行为。人工智能涉及的关键技术主要包括计算机视觉、知识图谱、自然语言处理、机器学习、感知技术等。

1.5.1　计算机视觉

计算机视觉是通过摄像头或计算机应用程序对生物视觉的一种模拟，从而实现对事物的形状、大小等特征进行感知、识别、分类。确切地说，计算机视觉就是让摄像头或计算机代替人眼对事物进行检测、识别、跟踪等操作。

根据计算机视觉的目标任务，可以把其分为图像检测、图像分割、图像分类等任务。

1）图像检测

图像检测也称目标检测，是检测图像中含有特定物体目标，并获取这个目标的类别、大小、位置、姿态等信息的过程。图像检测广泛应用在人脸检测盒、车牌检测、文字检测、商品检测方面。比如人脸检测，即采用一定的方法在一幅图像中检测出含有人脸的区域、大小、姿态等信息。

2）图像分割

图像分割可以形象地理解为精细化的目标检测，是把图像分割成一个或多个特定的、具有独特性质的像素区域并获取特定目标的过程。

3）图像分类

图像分类也叫图像识别，是将检测到的图像目标和文件或数据库中的某个样例对应起来，并将此图像归为文件或数据库中的某个类别，或数据库中的某个物体或某个人，从而完成图像的识别功能。

1.5.2　知识图谱

知识图谱是结构化的语义知识库，是一种由节点和边组成的用图表示的数据结构，即用直线、椭圆形等图形符号描述物理世界中的实体及其相互关系。知识图谱基本组成单元包括"实体—关系—实体"三元组、实体及其相关"属性—值"组。

在知识图谱中，每个节点表示现实世界的"实体"，每条边为实体与实体之间的"关系"，不同实体之间通过关系构成网状的知识结构。

知识图谱被广泛应用在打击团伙诈骗、不一致性验证、搜索引擎、可视化展示和精准营销等方面。但是，知识图谱的发展面临很大的挑战，比如，数据本身有错误或者数据存在冗余，将会严重影响知识图谱的准确表示。

1.5.3　自然语言处理

自然语言处理(Natural Language Processing，NLP)是人工智能的一项关键技术，是指利用计算机对自然语言的字形、发音、含义等信息进行处理，即对文字、词语、句子、段落进行输入、输出、识别、分析、理解、生成等操作。自然语言处理分成两部分：自然语言理解(Natural Language Understanding，NLU)和自然语言生成(Natural Language Generation，NLG)。

(1) 自然语言理解旨在理解和分析人类语言，重点关注对文本数据的理解，通过对其分析和处理来提取相关信息，理解文本的真实意图。

(2) 自然语言生成是用自然语言文本来表达给定的意图、思想等，简单地说，就是生成包含意义和结构的短语、句子及段落的过程，是自然语言处理的一个不负责理解文本的领域。为了生成自然语言，自然语言生成的方法需要利用相关数据。

自然语言处理可以对词、句子、篇章进行分析，还可以对内容里面的人物、时间、地点等进行理解，并在此基础上支持一系列核心技术(如跨语言的翻译、问答系统、阅读理解、知识图谱等)。基于这些技术，又可以把它应用到其他领域，如搜索引擎、客服、金融、新闻等。自然语言处理技术不是一项独立的技术，它需要云计算、大数据、机器学习、知识图谱等各个方面的支撑。

1.5.4　机器学习

机器学习(Machine Learning，ML)是人工智能的一大关键技术，是一门涉及数理统计、神经网络、计算机科学、心理学、生物科学等诸多学科的交叉学科，也是研究计算机模拟或学习人类行为，以获取知识或技能，不断改善自身性能的学科。根据不同的学习方法，我们可以把机器学习分为传统机器学习、深度学习及强化学习等机器学习方法。

1) 传统机器学习

传统机器学习方法是指试图从一些训练样本出发，挖掘样本数据本身真实存在的特点或规律，从而实现对测试数据行为或趋势的准确预测。

传统机器学习方法主要包括线性回归、隐马尔科夫模型、支持向量机、k 近邻算法、人工神经网络、Adaboost 算法、贝叶斯方法以及决策树等方法。

传统机器学习方法应用广泛，主要应用在自然语言处理、语音识别、图像检测、图像分类、信息检索等领域。

2) 深度学习

深度学习又称深度神经网络(指层数超过三层的神经网络)，经过多年的摸索和研究，已经产生了诸多深度神经网络的模型。其中，卷积神经网络、循环神经网络是两类典型的模型。

目前，流行的深度学习方法包括深度置信网络、卷积神经网络、受限玻尔兹曼机和循环神经网络等。主流的深度学习框架有 TensorFlow、Caffe/Caffe2、CNTK、Torch/PyTorch、百度飞桨深度学习平台(PaddlePaddle)等。

3) 强化学习

强化学习(Reinforcement Learning，RL)又称评价学习或增强学习，是机器学习中的一种方法，主要用于描述和解决智能体在与环境的交互过程中通过某个学习策略以获得回报最大化或实现某个目标的问题的方法。

强化学习理论受到行为主义心理学理论的启发，侧重在线学习，并试图在探索—利用间保持平衡。不同于监督学习算法，强化学习不要求预先给定任何带类别标签的数据，而是通过环境对动作的反馈进行知识学习和行动决策。

强化学习方法在围棋、网络游戏、自动控制等领域中得到广泛应用，被用于解释有限理性条件下的平衡态，设计出最理想的推荐系统和完美的机器人交互系统。

1.5.5 感知技术

感知技术是人工智能硬件方面的关键技术，它包括传感器技术、射频识别技术和卫星定位技术等。

(1) 传感器技术扮演着对外部环境信息进行采集、处理、存储、传递的角色，有效地为人工智能的应用提供有用的信息。常用的传感器有温湿度传感器、加速度传感器、视觉传感器、红外热释电传感器、毫米波雷达等。

(2) 射频识别(Radio Frequency Identification，RFID)是一种非接触的自动识别技术，通过射频信号自动识别目标对象并获取目标对象的相关信息的技术。射频识别技术无须人工干预，可工作在任何环境中，即使在严寒或炎热的环境中也能正常工作。RFID 系统一般由电子标签、阅读器、天线等部件构成。

(3) 卫星定位技术是一种使用卫星进行位置准确定位的技术，由最初的定位精度低、不能实时定位的卫星定位系统，发展成如今高精度、实时性强的全球卫星定位系统，可以在任何地方、任何时刻进行实时精确定位和准确导航。

迄今为止，全球知名的卫星定位系统共有四个，分别为美国的全球定位系统(GPS)、俄罗斯的格洛纳斯卫星导航系统(GLONASS)、欧盟的伽利略卫星导航系统(GALILEO)、中国的北斗卫星导航系统(BDS)。

1.6 人工智能的应用场景

人工智能时代已经到来，人工智能应用场景越来越多，主要运用在图像识别、语音识别、无人驾驶、聊天机器人、智能家居等场景中。

1.6.1 图像识别

图像识别是人工智能的一大应用场景，它是利用计算机对物体图像进行分类的一种技术，确切地说，通过图像识别技术可以识别出该图像真实表达的物体。比如人脸识别，通过识别出不同人脸信息就可以进行身份认证、安全检查与移动支付。又如商场的机器收银员，通过识别出顾客选购的商品的二维码对选购的商品进行结算等处理。

一个完整的图像识别系统需要经历五个阶段，包括图像数据采集阶段、图像预处理阶段、特征及选择提取阶段、分类器设计阶段、分类决策阶段。

1.6.2 语音识别

语音识别是以语音、声音、声波为对象，通过声波信号处理和模式识别知识让机器识别和理解人类的口语。中国物联网校企联盟形象生动地把语音识别系统比作"机器的听觉系统"。

语音识别过程包括两个阶段，具体如下。

1）特征提取阶段

这个阶段把声音转换成机器可以处理的声波信号，并从每帧声波中提取出多组声波特征向量。

2）声波解码阶段

声波中提取出的特征向量先后经过声学模型解码、发音字典解码、语言模型解码一系列过程，根据不同语言种类分析出概率最大的词组或句子，这样就完成了从声音到文字的转换。

语音识别的应用范围非常广泛，比如语音翻译、语音开关灯、语音导航、语音播放音乐、语音对话等应用场景。在小轿车中语音识别技术得到了充分的应用，在驾驶小轿车途中，只需对着麦克风说话，小轿车驾驶系统就可以将其识别为相应的文字。

语音是人类沟通最自然、便捷的手段，语音交互比其他交互方式具备更多优势，能为人机交互带来根本性变革，是大数据和认知计算时代未来发展的关键技术，具有广阔的发展和应用前景。

1.6.3 无人驾驶

无人驾驶是人工智能的核心应用场景，它是通过机器学习方法、传感器技术、卫星定位技术等实时感知无人驾驶车周边物体(包括小车、行人、动物及交通标识等)，检测路况，规划路径等操作，从而对车辆灯光、行驶速度、转向幅度进行实时控制的一种技术。

无人驾驶采用三层架构模式，主要包括无人驾驶感知层、无人驾驶决策层及无人驾驶执行层，不同层级相互作用、相互配合，从而达到无人驾驶的目的。

1）无人驾驶感知层

在无人驾驶系统中，感知系统就相当于人类的眼睛、耳朵等感觉器官，通过机器学习知识和传感器技术来实时感知车辆周围环境的变化。

无人驾驶感知层需要使用多种类型的传感器，主要包括计算机视觉传感器、毫米波雷达、超声波雷达、红外传感器，以及用于定位和导航的 GPS 和惯性测量单元等传感设备。

2）无人驾驶决策层

在无人驾驶系统中，决策层是无人驾驶真正发挥优势的部分，它的作用就像无人驾驶的大脑，像人类驾驶员一样做出路线规划、灯光控制、车速控制及转向幅度控制等决策方案。

3）无人驾驶执行层

在无人驾驶系统中，执行层是无人驾驶系统根据无人驾驶决策层做出的决策方案对车辆的灯光、行驶速度、转向幅度等进行控制。

无人驾驶车的各个操控系统都需要通过总线与决策系统相连接，并能够按照决策系统发出的总线决策指令精确地控制加速度、制动程度、转向幅度、灯光等驾驶操作，以实现车辆的自主驾驶。

相对于传统燃油车，电动车更适合作为自动驾驶汽车，执行层就是自动驾驶的手和脚。无人驾驶汽车运动控制分为纵向控制和横向控制两大部分。

1) 纵向控制

纵向控制也叫车速控制，即油门加减速、刹车等操作，主要包括驱动与制动控制，通过对电机、发动机、传动系统和制动系统的控制实现对小轿车的纵向控制。

2) 横向控制

横向控制也叫方向控制，目标是使汽车自动按照期望或规划好的路线行驶。

1.6.4　聊天机器人——ChatGPT

ChatGPT(Chat Generative Pre-trained Transformer)是由美国 OpenAI 公司研发的聊天机器人程序，于 2022 年 11 月 30 日发布。

ChatGPT 是一款自然语言处理工具，它能够通过理解和学习人类语言进行聊天对话，还能根据聊天的上下文进行互动，像真人一样交流、聊天，完成写文档、翻译、写代码、写文章、识别语音等多种任务。作为一种基于人工智能技术的自然语言生成模型，ChatGPT 能够从大量的数据和历史对话中学习，构建一个强大的深度学习模型，然后生成与人类语言相似的优美词句。ChatGPT 的工作步骤包含数据收集、数据预处理、数据模型建立、生成文本和文本输出控制等五大步骤。

1.6.5　智能家居

智能家居(Smart Home)又称电子住宅(Electronic Home，E-Home)，是指以居民住宅为中心，利用综合布线技术、物联网技术、安防技术、自动控制技术及人工智能技术把涉及家居生活的设施进行集成的一套智能化家居系统。

智能家居系统包括家庭布线系统、家庭网络系统、中央控制系统、家居照明系统、多媒体系统、家庭安防系统、家庭环境控制系统、人工智能系统等八大系统。其中，中央控制系统、家居照明系统、家庭安防系统是智能家居的基础必备系统，家庭布线系统、家庭网络系统、多媒体系统为可选系统，人工智能系统是智能家居的关键系统。

习题

1. 什么是人工智能？人工智能有哪些特征？
2. 阐述人工智能的主要学派。
3. 符号主义学派和联结主义学派有什么区别？
4. 人工智能有哪些关键技术？
5. 人工智能有哪些应用场景？
6. 结合生活中的人工智能应用，举例说说人工智能应用的例子。

第 2 章

人工智能编程语言之 Python

2.1　搭建人工智能 Python 环境

Python 语言以灵活、容易上手、功能强大等优点受到了广大科研工作者的青睐。此外，Python 语言还具有跨平台的兼容性等特点，可以应用在 Windows、Linux、Mac OS 等操作系统上。

搭建人工智能开发环境需要安装 Python 软件，以及 tensorflow、numpy、scipy、opencv、pillow、matplotlib、h5py、keras、imageai 等扩展库。Python 与 tensorFlow、keras 版本匹配如表 2.1 所示。

表 2.1　Python 与 tensorflow、keras 版本匹配

序　号	框　架	匹配描述
1	tensorflow 2.2	tensorflow 2.2.0 + keras 2.3.1 on Python 3.7
2	tensorflow 2.1	tensorflow 2.1.0 + keras 2.3.1 on Python 3.6
3	tensorflow 2.0	tensorflow 2.0.0 + keras 2.3.1 on Python 3.6
4	tensorflow 1.15	tensorflow 1.15.0 + keras 2.3.1 on Python 3.6
5	tensorflow 1.14	tensorflow 1.14.0 + keras 2.2.5 on Python 3.6
6	tensorflow 1.13	tensorflow 1.13.0 + keras 2.2.4 on Python 3.6
7	tensorflow 1.12	tensorflow 1.12.0 + keras 2.2.4 on Python 3.6
8	tensorflow-1.12	tensorflow 1.12.0 + keras 2.2.4 on Python 2
9	tensorflow 1.11	tensorflow 1.11.0 + keras 2.2.4 on Python 3.6
10	tensorflow 1.10	tensorflow 1.10.0 + keras 2.2.0 on Python 3.6
11	tensorflow 1.9	tensorflow 1.9.0 + keras 2.2.0 on Python 3.6
12	tensorflow 1.8	tensorflow 1.8.0 + keras 2.1.6 on Python 3.6
13	tensorflow 1.7	tensorflow 1.7.0 + keras 2.1.6 on Python 3.6
14	tensorflow 1.5	tensorflow 1.5.0 + keras 2.1.6 on Python 3.6
15	tensorflow 1.4	tensorflow 1.4.0 + keras 2.0.8 on Python 3.6.6 + h5py-2.10.0
16	tensorflow 1.3	tensorflow 1.3.0 + keras 2.0.6 on Python 3.6

现以在 Windows 7 64 位操作系统上安装 Python 3.6.6、PyCharm 2021.2.1、tensorflow 1.4.0 + keras 2.0.8 on Python 3.6.6+h5py-2.10.0 为例，搭建 Python 语言开发环境。

2.1.1　搭建 Python 环境

下载安装 Python 软件的方法如下。

第 1 步　我们可以登录 Python 官网 https://www.python.org，下载 Python 3.6.6(64 位)。首先，单击 Downloads 菜单，进入下载页面，如图 2.1 所示。

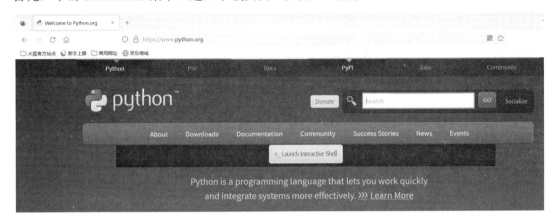

图 2.1　Python 官网首页

第 2 步　进入 Downloads 页面后，单击 Windows 链接，如图 2.2 所示。

图 2.2　单击 Windows 链接

第3步 进入 Python(Windows 版本)下载页面后，通过上下拉动页面滚动条找到 Python 3.6.6，单击 Download Windows x86-64 embeddable zip file 选项进行下载，如图 2.3 所示。这个版本里面支持 Windows 7 64 位和 Windows 7 32 位操作系统。

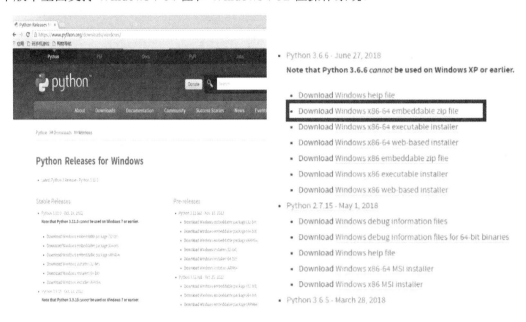

图 2.3　Python(Windows 版本)下载页面

第4步 安装 Python 3.6.6(64 位)软件。以"管理员"身份运行 Python 3.6.6(64 位)软件，出现如下界面，选择 Customize installation 选项，接下来出现 Documentation、pip、td/tk and IDLE 等选项，如图 2.4 所示。全部选中(默认已打 √)，直接单击 Next 按钮继续安装。

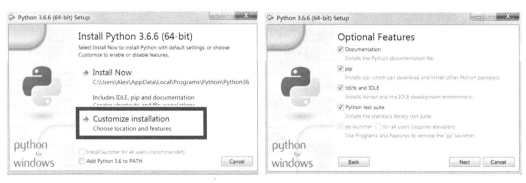

图 2.4　Python 3.6.6 安装界面

第 5 步 接下来出现安装路径选项，我们只需把安装路径设为 C:\Python36，如图 2.5 所示，然后单击 Install 按钮进行安装即可。

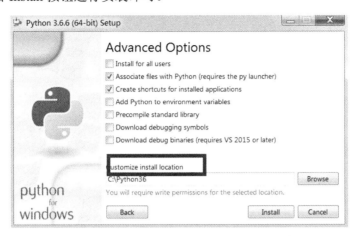

图 2.5　设置 Python 3.6.6 安装路径

第 6 步 当安装界面出现"Setup was successful"提示，表示成功安装了 Python 3.6.6(64 位)软件。

第 7 步 设置 Python 环境变量。

如果添加了 C:\python36 环境变量，就可以通过 cmd→python 操作快捷进行 Python 语言编程；如果没有对 Python 进行环境变量配置，则执行 cmd→python 操作会提示找不到 Python 命令。

如果添加了 C:\python36\Scripts 环境变量，那么可以打开"运行"对话框，输入 cmd 后按 Enter 键，进入指令输入界面，然后输入 cd C:\python36\scripts，切换到该环境变量下，调用 pip3 进行安装或卸载相关扩展模块。

打开"环境变量"对话框的方法为：右击桌面上的"计算机"图标，依次选择"属性" →"高级系统设置"→"环境变量"选项，打开的对话框如图 2.6(左)所示。

设置 Python 环境变量的方法为：在"环境变量"对话框的"系统变量"列表框中选中 Path 选项，单击"编辑"按钮，弹出"编辑系统变量"对话框，在"变量值"文本框中添加如下 Python 环境变量："C:\python36;C:\Python36\Scripts"，如图 2.6(右)所示。

第 8 步 测试 Python 程序是否运行成功。执行 cmd→python 操作后，输入如下 Python 语言代码：print("这是我的 Python 程序")，然后按 Enter 键，如果运行结果如图 2.7 所示，则表示 Python 安装成功。

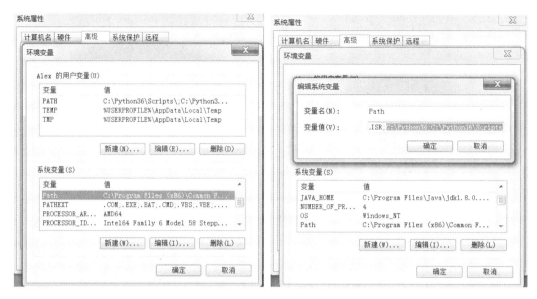

图 2.6 设置 Python 环境变量

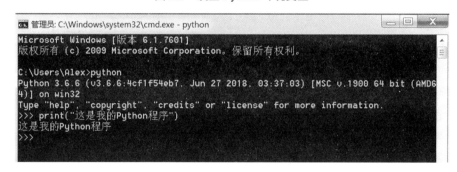

图 2.7 测试 Python 程序是否运行成功

2.1.2 搭建 PyCharm 环境

PyCharm 是一款功能强大、方便好用的 Python 编辑软件，它提供了调试、语法高亮显示、项目管理、代码跳转、智能提示、自动完成、单元测试及版本控制等工具，可以帮助用户在进行 Python 语言开发时提高工作效率。

PyCharm 软件有 Professional(专业版)和 Community(社区版)两类，其中，专业版是收费的，而社区版是免费的。下面我们就介绍一下 PyCharm 社区版的具体安装方法，现以 PyCharm Community 2021.2.1 为例进行安装。

第1步 登录 PyCharm 官网(https://www.jetbrains.com/zh-cn/pycharm/)，在页面右上角的搜索框中输入 pycharm-community-2021.2.1，然后选择"其他版本-PyCharm"选项，如图 2.8 所示。

图 2.8　PyCharm 官网首页

第2步 进入 PyCharm 下载页面后，通过页面下拉滚动条找到 PyCharm Community Edition 的 2021.2.1 - Windows (exe)版本进行下载，如图 2.9 所示。

Version 2021.2　　2021.2.1　▼

PyCharm Professional Edition	PyCharm Community Edition
2021.2.1 - Linux (tar.gz)	2021.2.1 - Linux (tar.gz)
2021.2.1 - Windows (exe)	2021.2.1 - Windows (exe)
2021.2.1 - macOS (dmg)	2021.2.1 - macOS (dmg)
2021.2.1 - macOS Apple Silicon (dmg)	2021.2.1 - macOS Apple Silicon (dmg)

图 2.9　选择安装版本

第3步 安装 PyCharm 软件。

打开 PyCharm Community Edition 软件，以"管理员"身份运行，接下来都是默认安装，不需要设置，如图 2.10 所示。

第4步 使用 PyCharm 工具编写 Python 程序。

在 PyCharm 开发工具启动后，若要编写程序，需要先创建一个项目。选择 File→New Project 命令，命名项目名称为 Test。

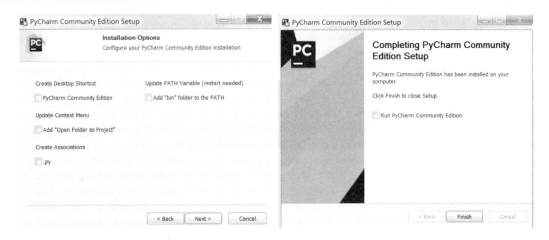

图 2.10　PyCharm 软件安装界面

选中这个 Test 项目，然后执行 File→New 命令，在打开的对话框中选择文件类型为 Python，设置文件名为 test，这样就新建好了一个 Test.py 文件。

输入简单程序：print("这是用 Pycharm 工具编写的第 1 个 Python 程序")，然后运行 Run →Test 命令，运行结果如图 2.11 所示。

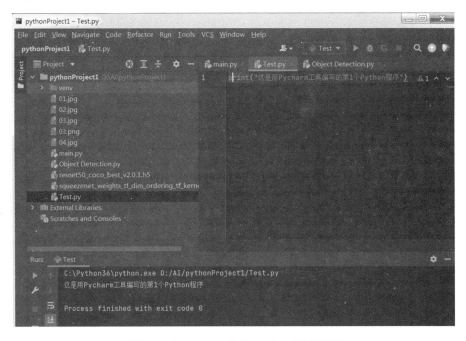

图 2.11　PyCharm 软件 Python 程序测试

2.1.3　安装扩展模块库

要安装 imageai 模块，需要安装对应的 tensorflow、numpy、scipy、opencv-python、pillow、matplotlib、h5py-2.10.0、keras2.0.8 扩展库及 imageai 插件。如果插件版本不匹配，可能引起 Python 程序编译错误，故把 imageai 和各插件名称及版本信息罗列如表 2.2 所示。

表 2.2　imageai 模块的插件列表

序　号	待安装的插件名称	备　注
1	tensorflow-1.4.0-cp36-cp36m-win_amd64.whl	人工智能工具
2	numpy	数组操作函数库
3	scipy-1.5.4	数值计算库
4	opencv-python	计算机视觉库 (比较复杂)
5	pillow	图像处理库
6	matplotlib-3.1.2-cp36-cp36m-win_amd64.whl	Python 绘图库
7	h5py-2.10.0	文件格式库
8	keras2.0.8	人工神经网络库
9	imageai-2.0.2-py3-none-any.whl	图像识别库 (比较简单)

(1) 设置插件下载或升级的服务器地址。

Python 语言中比较常用的一个命令是 pip(Python Package Index，Python 软件包索引)，它可以安装、卸载和管理 Python 软件包。pip3 专门用于 Python3，同样可以安装、卸载和管理软件包。设置插件下载或升级的服务器地址有以下两种方法。

方法 1：采用默认的国外服务器进行下载或升级插件：如果不设置服务器地址，默认采用国外服务器地址，下载速度比较慢，容易失败。

方法 2：采用国内服务器地址下载或升级插件：需要设置其服务器地址。以设置清华大学服务器为例，通过 cmd 命令进入控制台，然后采用 cd C:\python36\scripts 把当前目录切换到 c:\python36\scripts 目录下，并输入如下指令，如图 2.12 所示。

```
Python -m pip config set global.index-url
https://pypi.tuna.tsinghua.edu.cn/simple
```

下载速度比较快的国内服务器地址如表 2.3 所示。

图 2.12　CMD 控制台界面

表 2.3　国内下载速度比较快的服务器地址列表

序　号	服　务　器
1	http://mirrors.aliyun.com/
2	https://pypi.tuna.tsinghua.edu.cn/simple
3	https://pypi.mirrors.ustc.edu.cn/simple/
4	http://pypi.hustunique.com/

(2) 删除插件下载或升级的服务器地址。

如果要把国内服务器地址删除，在 C:\Users\Alex\AppData\Roaming\pip 文件夹中找到 pip.ini 文件，将以下这行内容删除即可。

```
index-url = https://pypi.tuna.tsinghua.edu.cn/simple
```

(3) 升级 pip 至最新版本。

如果不升级 pip 的话，可能会导致安装或升级某些插件速度比较慢，甚至不能顺利安装，故通过如下命令升级 pip。

```
pip  install --upgrade pip
```

(4) 安装 tensorflow 插件。

登录 tensorflow 官网，找到 tensorflow-1.4.0-cp36-cp36m-win_amd64.whl 进行下载，下载后把这个文件拷贝至 C:\python36\scripts 目录下，然后输入 pip3 命令，安装 tensorflow，具体指令为：

```
pip3  install  tensorflow-1.4.0-cp36-cp36m-win_amd64.whl
```

(5) 安装 numpy 插件。

```
pip3  install  numpy
```

(6) 安装 scipy-1.5.4 插件。

```
pip3  install  scipy
```

(7) 安装 opencv-python 插件。

```
pip3  install  opencv-python
```

(8) 安装 pillow 插件。

```
pip3  install  pillow
```

(9) 安装 matplotlib-3.1.2 插件。

登录 matplotlib 官网，下载 matplotlib-3.1.2-cp36-cp36m-win_amd64.whl 版本，下载完后把这个插件复制到 C:\python36\scripts\目录下，然后输入如下命令：

```
pip3  install  matplotlib-3.1.2-cp36-cp36m-win_amd64.whl
```

(10) 安装 h5py-2.10.0 插件。

```
pip3  install  h5py-2.10.0
```

(11) 安装 keras2.0.8 插件。

```
pip3  install  keras2.0.8
```

(12) 安装 imageai-2.0.2 插件。

```
pip3  install  imageai-2.0.2-py3-none-any.whl
```

(13) 查看已安装的插件。

```
pip3  list
```

2.2　Python 程序简介

Python 语言是由荷兰程序员吉多·范罗苏姆(Guido van Rossum)于 1989 年设计的，是一种面向对象的程序设计语言；Python 语言具有简单易学、易读、易维护、用途广泛、运行速度较快、免费开源、可移植、可扩展等优点；Python 语言可以在不同领域中跨平台应用，受到广大科学研究人员的青睐。

2.2.1 Python 常量

在 Python 语言中，变量用来记录事物变化的状态，变量的值可以随时改变；常量用来记录事物不变的状态，常量的值不会经常改变。

实际上，在 Python 中没有真正意义上的常量，所有的名字都是变量，常量就是不变的变量，我们一般将大写的变量名看成常量，如例 2.1 所示。

常量定义的一般语法规则如下。

常量名 赋值符号 数据值

例 2.1：

```
HOST = '10.51.3.2'        # 定义一个 HOST 常量，常量值为 10.51.3.2
print(HOST)               # 通过 Python 语言自带的 print() 输出这个常量值
```

输出结果：

```
10.51.3.2
```

2.2.2 Python 变量

1) Python 变量定义的语法规则

变量和常量其实在使用的时候是一样的，无论是变量还是常量，在定义时都会给它分配一块内存空间，用于保存它的值。变量定义的一般语法规则如下。

变量名(常量名) 赋值符号 数据值

例 2.2：

```
Age = 30;
```

2) Python 变量名或常量名的命名规范

(1) 变量名字里面可以出现数字、字母、下划线。

例 2.3：

```
C2_Age = 20  #(√) 变量名定义正确
```

(2) 首字母不能用数字。

例 2.4:

```
888B = 123   #(×) 变量名定义错误
```

(3) 名字不能与 Python 中的关键字冲突。

例 2.5:

```
for = 99     # (×) 变量名定义错误
```

(4) 名字尽量做到见名知意，即按照英文单词来定义变量名，从名称就可以知道内容的意义，不能用中文。

例 2.6:

```
Age = 18 #(√) 定义一个年龄，完美
```

3) Python 语言变量命名风格

(1) 下划线(Python 推荐使用)。

```
user_name  # 每个单词之间用下划线连接
```

如果名字太长，那么每个单词可以简写。例如，user_name 可以简化成 usr_N。

(2) 驼峰体(JavaScript、Java 推荐使用，不用下划线)。

小驼峰:

```
userNameFro = '李白'   # 第一个单词小写，第二个及以后的单词首字母大写
```

大驼峰:

```
UserNameFro = '李白'   # 每个单词首字母大写
```

2.2.3　Python 注释

在编程语言中，注释就是对所写代码的解释说明。程序编译时，不对注释进行编译；程序运行时，也不运行这些注释内容。

1) 单行注释(行注释)

Python 中使用"#"表示单行注释。单行注释可以作为单独的一行放在被注释代码行之上，也可以放在语句或表达式之后。

例 2.7:

```
UniversityName = '清华大学' # 大学名字为清华大学
```

这是单行注释，"# 大学名字为清华大学"为注释部分，程序编译和运行皆不理会这些注释内容。

为了保证代码的可读性，建议在"#"后面添加一个空格，再添加注释内容。

2) 多行注释(块注释)

当注释内容有多行时，我们可以使用多行注释，Python 中使用三个单引号或三个双引号表示多行注释。

📖 例 2.8:

```
'''a = 4
  b = 3
  c = 5
  print(a+b+c)
```

这是使用三个单引号的多行注释，表示从第三个单引号后面 a=4 开始到程序最后一行 print(a+b+c)的代码区域都是注释部分。

📖 例 2.9:

```
"""A=12
  B=13
  C=B-A
  print(C)
```

这是使用三个双引号的多行注释，表示从第三个双引号后面 A=12 开始到程序最后一行 print(C)的代码区域都是注释部分。

2.2.4 Python 数据类型

在 Python 语言中，主要包括数字、字符串、布尔、数组、集合、字典、向量等数据类型，现对这些数据类型进行介绍。

1. 数字类型

1) 整数类型——int

与 C、C++语言不同，Python 的整数类型没有长度限制。整数类型有二进制整数、八进制整数、十进制整数、十六进制整数等类型。

(1) 二进制整数：由若干 0 和 1 数字随机组合而成。二进制数用加前缀 0b 表示，比如，0b101 表示二进制数 101。

（2）八进制整数：由若干 0～7 的数字随机组合而成。八进制数用加前缀 0o 表示，比如，0o127 表示八进制数 127。

（3）十进制整数：由若干 0～9 的数字随机组合而成。十进制数不用加前缀，比如，128 表示十进制数 128。

（4）十六进制整数：由若干 0～9、A～F 的字符随机组合而成。十六进制数用加前缀 0x 表示，比如，0x100AF 表示十六进制数 100AF。

2) 浮点数类型——float

浮点数类型表示含有小数位的数，采用 8 字节空间存储，它的取值范围为[-1.7E308, 1.7E308]。

2. 字符串类型——str 类型和 unicode 类型

在 Python 中，字符串是由两个或两个以上的字符组成的，采用成对的单引号、双引号、三撇号表示。字符串有两种类型，分别是 str 类型和 unicode 类型。

在进行字符串操作时，常涉及求字符串长度、字符串连接等操作。

例 2.10：

```
Name='ChenShuMing'
Company="HuaWei"
Country='''China'''
print(Name)            # print()是用来输出变量 Name 值的函数
print(Company)         # print()是用来输出变量 Company 值的函数
print(Country)         # print()是用来输出变量 Country 值的函数
```

输出结果：

```
ChenShuMing
HuaWei
China
```

3. 布尔类型——bool

布尔类型就是我们常说的逻辑类型，常常理解为 true 或 false。布尔类型常用于两个数的逻辑判定，如两数是否相等(==)、大于(>)、小于(<)的判断。

例 2.11：

```
print(88==77); print(88==66)
```

输出结果：

```
False False
```

4. 数组类型

1) 数组概述

在 Python 中，常用列表类型 list、元组类型 tuple 表示数组，数组中每个元素类型相同。常用的数组有一维数组和二维数组：一维数组由一行若干列相同类型的元素构成，元素下标从 0 开始标号；二维数组由若干行若干列相同类型的元素构成。

（1）创建数组。

例 2.12：

```
A = [1,2,3,4]                    # 定义一个一维数组 A，里面有 1、2、3、4 共 4 个元素
B = [[1,2,3],[4,5,6],[7,8,9]]    # 定义一个三行三列的二维数组 B
```

（2）引用数组元素。

例 2.13：

```
A =[1,2,3,4]; B=[[1,2,3],[4,5,6],[7,8,9]]
print(A[0])         # A[0]表示数组 A 的第 1 个元素
print(A[3])         # A[3]表示数组 A 的第 4 个元素
print(B[1][2])      # B[1][2]表示数组 B 的第 2 行第 3 列元素
```

输出结果：

```
1
4
6
```

（3）给数组元素赋值。

例 2.14：

```
A =[1,2,3,4];
A[0] =88    # 给 A[0]赋值 88
print(A)
```

输出结果：

```
88  2  3  4
```

2) 列表类型

列表是 Python 特有的数据类型，在 Python 中，列表数据类型可以存储由多个值构成的序列，可以同时存储多种数据类型，也可以嵌套在其他列表中。

(1) 创建列表。

不同数据项之间由逗号分隔，整体放在一个方括号里，这就是列表。

例 2.15：

```
list = [1, 2, 3, 4, 'Alex', 'blank', [8, 5, 7]]
```

创建一个列表，名为 list，里面有整数类型、字符串类型、列表类型(如[8,5,7])。

(2) 列表元素引用操作。

列表元素引用方法：列表名 [索引] (索引从 0 开始计数)。

例 2.16：

```
list = [1, 2, 3, 4, 'a', 'b', [8, 5, 7]]
print(list[6],list[6][0])
```

输出结果：

```
[8, 5, 7] 8
```

(3) 列表连接操作。

列表连接操作直接采用"+"进行列表连接。

当同一行中有多个 Python 语言程序时，需要用";"隔开。

例 2.17：

```
ls1 = [1, 2, 3] ls2 = ['a','b','c']; print(ls1 + ls2)
```

输出结果：

```
[1,2,3,'a','b','c']
```

(4) 列表元素复制。

在 Python 编程中，可以通过列表乘法实现列表的快速复制。具体来说，将列表与一个整数相乘，可以生成一个新的列表，其中包含原列表元素按照指定次数的复制。

例 2.18：

```
ls = [1, 2, 3]; print(ls*3)
```

输出结果：

```
[1, 2, 3, 1, 2, 3, 1, 2, 3]
```

(5) 求列表长度。

通过函数 len() 求得列表长度。

例 2.19:

```
ls = [1, 2, 3, [8, 5, 7]] ; print(len(ls))
```

输出结果:

```
4
```

3) 元组类型

元组是 Python 中另一种特有的数据类型,和列表相似,同样可以存放不同类型的数据,但它是不可变对象,即创建后就不可以进行任何元素的修改操作。

(1) 创建元组。

元组用逗号对元素进行分隔,但是为了美观及代码的可读性,一般还会加上小括号。

例 2.20:

```
a = 1, 2, 3; b = (1, 2, 3)
print(type(a)); print(type(b)); print(a == b)
```

输出结果:

```
<class 'tuple'> <class 'tuple'> True
```

让我们看看修改不可变对象元素会报什么错。

例 2.21:

```
Tp = (1,2,3,4,'a','b',[8, 5, 7]) ; Tp[0] = 100 ; print(Tp)
```

结果报错:

```
" TypeError 'tuple' object does not support item assignment "
```

即因违反了“元组的元素值一旦被设置就不能改变”原则而报错。

(2) 索引和切片操作。

对于元组来说,只能通过索引和切片操作获取元组元素的数值,但不能修改元组里的数值。索引操作只能获取序列中一个下标对应的元素,切片操作则可以获取序列中一个范围对应的元素。

例 2.22:

```
Stu = (11,22,"alex",[(33,44)])
# 元组 Stu 第 4 个元素[(33,44)]是列表类型,这个列表类型元素(33,44)又是元组类型
print(Stu[2])
```

```
# 正数索引，取出从左边开始编号的第 3 个元素(下标从 0 开始)
print(Stu[-1])
# 负数索引，取出从最右边开始编号的第 1 个元素(从-1 往左编号)
print(Stu[0:2])    # 切片，取出元组下标从 0 开始的两个元素
```

输出结果：

```
alex
[(33, 44)]
(11, 22)
```

(3) 元组的方法。

元组方法包括 count()方法和 index()方法：count()方法用于计算元组的指定元素出现的次数，index()方法用于获取指定元素第一次出现的索引位置。

🌐 例 2.23：

```
Stu = (11,22,"alex",[(33,44)],22,)
print(Stu.count(22))  # 输出数值 22 在元组中出现的次数
```

输出结果：

```
2
```

🌐 例 2.24：

```
Stu = (11,22,"alex",[(33,44)],22,)
print(Stu.index(22))    # 输出数值 22 在元组中出现的下标号
```

输出结果：

```
1
```

5. 集合数据类型

集合是一种不重复的无序集，用花括号"{}"来定义。集合的元素是无序的、不可重复的，必须是不可变类型。

1) 创建集合

集合中的元素可以是数字、字符串、元组等。创建集合的方法有三种。

(1) 直接使用大括号创建。

🌐 例 2.25：

```
st = {1, 2, 3, 'python', ('a', 1)}
print(st); print(type(st))
```

输出结果：

```
{1, 2, 3, 'python', ('a', 1)}
<class 'set'>
```

(2) 使用列表或元组创建。

使用 set() 函数，将不包含可变对象元素的列表或元组转换成集合数据类型。

例 2.26：

```
ls = [1, 2, 3, 4]
st = set(ls)    # 使用 set() 函数将列表 ls 转换成集合数据类型
print(st); print(type(st))
```

输出结果：

```
{1, 2, 3, 4}
<class 'set'>
```

(3) 使用字符串创建。

例 2.27：

```
st = set('Python')
print(st); print(type(st))
```

输出结果：

```
{ 'y', 'P', 'o', 'n', 'h', 't'}
< class 'set'>
```

由字符串创建的集合，集合元素是所有不重复的字符，可以很直观地看出，集合的元素是无序的。

2) 集合的常用方法

(1) add(x) 向集合中添加元素 x，并将其放在集合最前面。

例 2.28：

```
st = {1, 2, 3, 4}
print(st)
st.add(0)
print(st)
```

输出结果：

```
{1, 2, 3, 4}
{0, 1, 2, 3, 4}
```

(2) update()将一个可迭代对象的元素添加到集合中。

例 2.29：

```
st = {1, 2, 3, 4}
iterable = ['a', 'b', 'c']
st.update(iterable)
print(st)
```

输出结果：

```
{'b', 1, 2, 3, 4, 'c', 'a'}
```

(3) pop()将集合的第一个元素删除，并返回被删除元素的值。

例 2.30：

```
st = {1, 2, 3, 4}
iterable = ['a', 'b', 'c']
st.update(iterable)
print(st)
p = st.pop()
print(st, p)
```

输出结果：

```
{ 'b', 1, 2, 3, 4, 'c', 'a' }
{ 1, 2, 3, 4, 'c', 'a' } b
```

6. 字典数据类型

字典是一个无序、可变和有索引的集合。在 Python 中，字典用花括号"{}"编写。字典定义了键和值之间一对一的关系，但它们是以无序的方式存储的，其中，键和值之间用":"隔开。

(1) 创建字典。

例 2.31：

```
Info = { "Name": "ChenShuMing","Sex": "men"," Country ": "ChangTing" }
print(Info);
```

输出结果：

```
{ 'Name': 'ChenShuMing', 'Sex': 'men', 'Country': 'ChangTing' }
```

(2) 访问项目。

通过在方括号内引用其键名来访问字典的项目。

例 2.32：

```
name= Info["Name"]  #获取 "Name" 键的值
```

输出结果：

```
'ChenShuMing'
```

(3) 修改键值。

通过引用其键名来修改特定项的值。

例 2.33：把"Country"键值改为"LongYan"。

```
Info = { "Name": "ChenShuMing","Sex": "men"," Country ": "ChangTing" }
Info["Country"] = "LongYan"
```

(4) 遍历字典。

使用 for 循环遍历字典。循环遍历字典时，返回值是字典的键，但也有返回键值的方法。

例 2.34：

```
Info = { "Name": "ChenShuMing","Sex": "men"," Country ": "ChangTing" }
for x in Info:
  print(x)
```

输出结果：

```
Name
Sex
Country
```

例 2.35：

```
Info =  { "Name": "ChenShuMing","Sex": "men"," Country ": "ChangTing" }
for x in Info:
  print(Info[x])
```

输出结果：

```
ChenShuMing
Men
ChangTing
```

(5) 获取字典的值。

使用 values()函数返回字典的值。

例 **2.36**：

```
Info = { "Name": "ChenShuMing","Sex": "men"," Country ": "ChangTing" }
for x in Info.values():
  print(x)
```

输出结果：

```
ChenShuMing
Men
ChangTing
```

(6) 遍历键和值。

使用 items()函数遍历键和值。

例 **2.37**：

```
for x, y in Info.items():
  print(x, y)
```

输出结果：

```
Name ChenShuMing
Sex men
Country ChangTing
```

(7) 计算字典长度。

要确定字典有多少项目(键值对)，可使用 len()方法。

例 **2.38**：打印字典中的项目数。

```
Info = { "Name": "ChenShuMing","Sex": "men"," Country ": "ChangTing" }
print(len(Info))
```

输出结果：

```
3
```

(8) 添加项目。

使用新的索引键并为其赋值，可以将项目添加到字典中。

例 **2.39**：

```
Info = {"Name": "ChenShuMing","Sex": "men"," Country ": "ChangTing"}
Info["ID"] = "350801"
print(Info)
```

输出结果：

```
{'Name':'ChenShuMing','Sex':'men',' Country ':'ChangTing','ID': '350801'}
```

(9) 删除项目。

pop()方法可以删除具有指定键名的项目。

例 **2.40**：

```
Info = {"Name": "ChenShuMing","Sex": "men"," Country ": "ChangTing"}
Info.pop("Name")
print(Info)
```

输出结果：

```
{'Sex': 'men', ' Country ': 'ChangTing'}
```

7. 向量数据类型

向量(Vector)是存储分组数据的简单工具。向量的值是由数字、字符或逻辑数据构成的字符串，向量中的每一项就是一个元素，每个元素的数据类型相同。

1) 创建向量

可以通过中括号"[]"来创建向量，向量元素用逗号隔开。

例 **2.41**：创建一个出生年份向量。

```
Birthday = [1984,1986,2016,2020]
```

例 **2.42**：创建一个时间向量，向量里面的值为空。

```
Time = []
```

2) 向量的运算

通过如下函数可以对向量进行运算。

(1) append()函数。

append()函数可以将元素添加到向量中。

例 **2.43**：

```
Birthday = [1984,1986,2016,2020]
```

```
Birthday.append(2024)  # 将 2024 插入到向量的末尾
print(Birthday)
```

输出结果：

```
[1984,1986,2016,2020,2024]
```

(2) len()函数。

len()函数可以查看向量中有多少个元素。

例 2.44:

```
Months = [1,2,3,4,5,6]
print(len(Months))  # 输出向量 Months 的元素个数
```

输出结果：

```
6
```

(3) sort()函数。

sort()函数可以对向量进行排序。

例 2.45:

```
Data = [30,20,50,10,90]
Data.sort()
print(Data)
```

输出结果：

```
10  20  30  50  90
```

(4) max()函数。

max()函数可以获得向量的最大值。

(5) min()函数。

min()函数可以获得向量的最小值。

例 2.46:

```
Months =[2,3,5,7,10,12]
print(max(Months))   # 输出向量 Months 中元素的最大值
```

输出结果：

```
12
```

```
Months =[2,3,5,7,10,12]
print(min(Months))  # 输出向量 Months 中元素的最小值
```

输出结果：

```
2
```

2.2.5 Python 程序结构

在 Python 语言中，一般包括顺序结构、分支结构及循环结构三种程序设计结构。

1. 顺序结构

顺序结构就是程序自上而下执行，一条语句执行完成之后再执行下一条语句，一直执行到程序的末尾。Python 顺序结构流程图如图 2.13 所示。

例 2.47：计算半径为 30 的圆面积。

```
R=30; Area=3.14*R*R;
print(" 面积为: ");
print(Area);
```

本例的顺序结构流程图如图 2.14 所示。

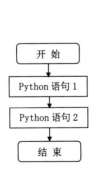

图 2.13 Python 顺序结构流程图

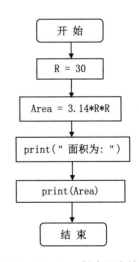

图 2.14 例 2.47Python 程序顺序结构流程图

2. 分支结构

Python 分支结构包括单分支结构、双分支结构和多分支结构。如果满足条件就执行某条语句，否则就执行其他语句。

1) 单分支结构

单分支结构可用 if 单分支语句来实现，其一般格式为：

```
if 表达式：语句块
```

Python 单分支结构流程图如图 2.15 所示。

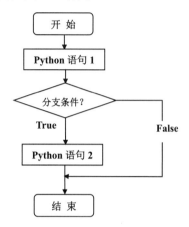

图 2.15　Python 单分支结构流程图

⚙ 例 2.48：

```
age = int( input(' 请输入年龄 '))
if age >= 18:
print(" 恭喜你成年了 ")
```

2) 双分支结构

双分支结构包括两个条件，其基本格式为：

```
if 判断条件:
        执行语句1
else:
        执行语句2
```

其中，判断条件成立(非 0)时，就执行语句1，否则执行语句2。

⚙ 例 2.49：从键盘上输入一个年龄数字，如果年龄大于或等于 18 岁，那么输出信息"恭喜您，您成年了!"，否则，输出信息"祝贺您，小朋友!"。

```
Grade = int(input(" 请输入年龄： "))
if  Grade >= 18:
```

```
          print(" 恭喜您，您成年了！")
else:
          print(" 祝贺您，小朋友！")
```

3) 多分支结构

多分支结构的一般格式如下：

```
if 判断条件 1:
      执行语句 1
elif 判断条件 2:
      执行语句 2
      ……
elif 判断条件 N:
      执行语句 N
```

Python 多分支结构流程图如图 2.16 所示。

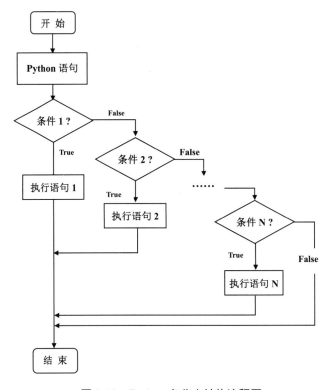

图 2.16　Python 多分支结构流程图

3. 循环结构

在 Python 编程中，循环语句用于循环执行程序，即在某种条件下，循环执行某段程序，从而处理需要重复处理的相同任务，直到不满足给定条件时，才会结束循环。Python 循环结构流程图如图 2.17 所示。

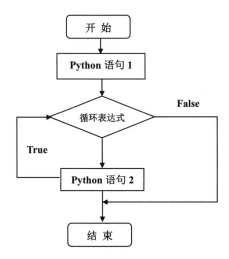

图 2.17　Python 循环结构流程图

Python 中的循环语句有 while 循环结构和 for 循环结构两种。

1) while 循环结构

在 while 循环结构中，当 while 条件为 true 时，就执行语句 1；当 while 条件为 false 时，则执行语句 2。其语法格式如下：

```
while condition:
执行语句1
else:
执行语句2
```

例 2.50：采用 while 循环输出小于或等于 5 的值。

```
i = 1          # 指定从1开始数
while i <= 5:   # 满足i≤5时，就接着运行这个循环
    print(i)    # 输出i值
    i += 1      # 给i值 + 1
               # 以此类推，一旦i大于5，循环就停止，整个程序也将到此结束
```

输出结果：

```
1
2
3
4
5
```

2) for 循环结构

for 循环用于顺序遍历，主要用在遍历列表、字符串或数组等操作中。在 Python 中，使用的是 for…in…循环，其语法格式如下：

```
for iterator_var in sequence:
statements(s)
```

例 2.51：采用 for 循环输出数组 A 的所有元素。

```
A=[1,2,3,4,5,6,7,8]
for i in range(0,8):
print(A[i])
```

输出结果：

```
1
2
3
4
5
6
7
8
```

2.2.6 Python 函数

在 Python 中，函数的应用非常广泛，前面调用的函数有 input()、print()、len()等，这些都是 Python 自带的函数，可以直接使用。除了 Python 自带的函数外，用户还可以自定义函数并调用自己已定义的函数。

1. Python 函数的定义

定义 Python 函数可以理解成创建一个满足用户需要的工具。定义函数一般用关键字

def 来实现，其一般格式如下：

```
def 函数名(参数列表):
    语句 1
    语句 2
        ......
return [返回值]
```

其中，返回值是可选择部分，可以是实际值，也可以省略。

例 2.52：定义一个比较数值大小的函数。

```
def  Max(a,b):
   if a> b:
      max = a
   else:
      max = b
   return max
```

2. Python 函数的调用

调用函数也就是使用函数、执行函数。如果函数已经定义，那么就可以直接调用已定义好的函数。调用函数的一般格式如下：

```
[返回值]  =  函数名 ([形参值])
```

其中，函数名是指调用函数的名称，形参值就是已定义好的函数需要传入的形参的值。

例 2.53：调用例 2.52 中的函数 Max()输出对应的值。

```
max = Max(12,99);
print(max)
```

输出结果：

```
99
```

2.3　NumPy 基础应用

人工智能的应用离不开数组计算和矩阵运算，NumPy 是 Python 的一个扩展库，支持大量的维度数组和矩阵运算，还针对方程求解、矩阵运算、求解特征值、数组计算、向量运算、直方图绘制等方面提供大量的数学函数，并与 Pandas、Matplotlib 合称为数据分析的"三剑客", 不断推动着人工智能的发展。

◯ 2.3.1 方程求解

NumPy 不是 Python 内置的函数库, 要通过如下方式安装后才可以使用。首先进入 cmd 命令窗口, 然后使用 Python 的 pip3 工具执行以下命令:

```
pip3 install numpy
```

几分钟后出现如下界面就说明安装成功了, 如图 2.18 所示。

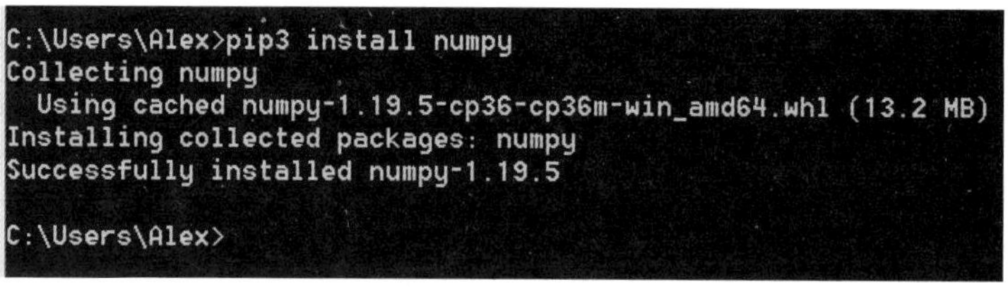

```
C:\Users\Alex>pip3 install numpy
Collecting numpy
  Using cached numpy-1.19.5-cp36-cp36m-win_amd64.whl (13.2 MB)
Installing collected packages: numpy
Successfully installed numpy-1.19.5

C:\Users\Alex>
```

图 2.18　NumPy 扩展库安装成功界面

例 2.54：利用 NumPy 库求解下列二元一次方程组。

$$\begin{cases} x + 2y = 5 \\ 2x + y = 4 \end{cases}$$

其中, x, y 为方程的位置变量, 也就是即将求解的变量; $\begin{bmatrix} 1 & 2 \\ 2 & 1 \end{bmatrix}$ 为变量 x, y 的系数矩阵, $[5 \quad 4]$ 为常数矩阵, 即方程等式右边的数值。

mat()函数可以将多种数据类型(包括列表、元组等)转换成矩阵形式。

解题步骤：

第1步 打开 PyCharm 软件, 创建项目后新建一个 py 文件。

第2步 引入已安装的 NumPy 扩展库到本项目中。

第3步 利用 Python 语言求解二元一次方程组, 代码如下。

```
01.    # 导入 NumPy 库, 并区别名 Np
02.    import numpy as Np
03.    # 利用 Np 库中的 mat()函数生成一个二维矩阵 A
04.    A=Np.mat([[1,2],[2,1]]);
05.    # 利用 Np 库中的 array()函数生成一个一维数组 B
06.    B=Np.array([5,4]);
```

```
07.    # 利用 Np 库 linalg 模块中的 solve() 函数求解二元一次方程组
08.    X=Np.linalg.solve(A,B);
09.    # 输出方程的解
10.    print(X)
```

运行结果如图 2.19 所示。

图 2.19　例 2.54 二元一次方程组的解

2.3.2　数组运算

例 2.55：某班学生成绩如表 2.4 所示，求该班学生大学语文成绩的最低分、最高分、平均值、标准值和方差。

表 2.4　某班学生成绩信息表

学　号	大学语文	大学英语	人工智能	数据库原理
100	80	90	78	80
101	81	91	79	81
102	86	92	80	82
103	83	90	80	80
104	84	100	82	84
105	90	95	90	85
106	91	96	84	70
107	87	97	80	87
108	88	98	86	88
109	89	99	87	89

本例参考代码如下。

```
01.    # 导入 NumPy 库，并区别名 Np
02.    import  numpy  as  Np
03.    # 利用 Np 库中的 loadtxt() 函数导入 csv 格式的文件(其中，数据与数据间用 "," 隔开)
04.    grade_data=Np.loadtxt("./data/grade.csv",delimiter=",",skiprows=1)
```

```
05.    # 利用 Np 库中的 min() 函数求得矩阵 grade_data 第 2 列数据的最小数
06.    print('大学语文成绩最低分',Np.min(grade_data[:,1]))
07.    # 利用 Np 库中的 max() 函数求得矩阵 grade_data 第 2 列数据的最大数
08.    print('大学语文成绩最高分',Np.max(grade_data[:,1]))
09.    # 利用 Np 库中的 mean() 函数求得矩阵 grade_data 第 2 列数据的平均数
10.    print('大学语文成绩平均值',Np.mean(grade_data[:,1]))
11.    # 利用 Np 库中的 std() 函数求得矩阵 grade_data 第 2 列数据的标准值
12.    print('大学语文成绩标准值',Np.std(grade_data[:,1]))
13.    # 利用 Np 库中的 var() 函数求得矩阵 grade_data 第 2 列数据的方差
14.    print('大学语文成绩方差',Np.var(grade_data[:,1]))
```

运行结果如图 2.20 所示。

图 2.20　例 2.55 输出结果

习题

1. 采用 PyCharm 创建一个 Test.py 文件，运行输出如下结果：I Love Python。

2. 利用 Python 语言编写程序：创建一个元组，元组数据为：0 1 2 3 4 5 6 7 8 9，并逐个反序号输出元组数据：9 8 7 6 5 4 3 2 1 0。

3. 利用 Python 语言编写程序：输入一个年龄数字，如果年龄大于 18 岁，就输出：恭喜您，您已经成年了；否则输出：祝贺您，您还是少年。

4. 编写 Python 语言求解如下二元一次方程组：

$$\begin{cases} 3x + y = 12 \\ 3y - x = 16 \end{cases}$$

5. 编写 Python 语言求下列数据的平均值、标准值、方差。

80	90	70	60	50	70	80	85	89	90
80	90	70	60	50	70	80	85	89	90

第 3 章

计算机视觉

3.1　计算机视觉的定义

每个事物都有自己特有的颜色、形状、大小、纹理、重量等特征，人类通过眼睛来观察这些事物的颜色、形状、大小、纹理等特征以区别不同的事物。

计算机视觉是以图像为研究对象，利用计算机、摄像头或图像采集设备模拟人类眼睛实现事物图像的采集，通过机器学习、模式识别技等技术进行图像预处理、分类、分割、识别等处理。详细地说，计算机视觉是让机器或计算机系统像人一样观察图像、分析图像、理解图像、识别图像的科学技术。

当我们去菜市场买菜时，很容易根据蔬菜的颜色、形状、大小等特征，识别出青椒、西红柿、马铃薯、茄子等蔬菜。在计算机眼里，所有这些五颜六色的东西都是由颜色的数值组成的，如果按 RGB 颜色模式表示颜色的话，那么每种颜色由红色(Red，R)、绿色(Green，G)、蓝色(Blue，B)三个颜色分量按不同比率组合而成，每个颜色分量都是采用若干二进制位表示，比如 24 位真彩色，每个颜色分量用 8 个二进制位表示，即每个颜色分量的取值范围为[0, 2^8-1]，简化为[0, 255]。

例如，假如图 3.1 中的大红青椒的颜色值为 RGB(255,0,0)，那么我们可以理解为红色的颜色值为 255，绿色和蓝色的颜色值为 0，说明这个红青椒只有红色，没有其他颜色成分。

图 3.1　蔬菜颜色示例

3.2　计算机视觉理解图像的原理

计算机通过摄像头或图像采集卡获取到一幅图像后，需要经历四个步骤才能完成计算机视觉理解图像的任务，详细步骤如下。

第1步 采用图像去噪、图像增强、图像恢复等技术对采集到的图像进行预处理。

第2步 通过一定的方法或算法对处理后的图像进行特征数据提取操作。

第3步 对若干幅训练图像按第 1、2 步操作形成特征数据，利用一定的方法或算法对这些训练图像的特征数据进行学习和训练，生成数据模型。

第4步 利用这个训练好的数据模型进行图像测试，从而完成图像检测、图像识别、图像分割等任务。

计算机视觉所涉及的技术主要包括图像压缩、图像增强、图像去噪、图像恢复、图像分割、图像识别、图像检测等。

3.3 计算机视觉的任务

从计算机视觉的目标任务看，计算机视觉任务包括图像检测、图像分割、图像分类等。图像分类、图像检测效果如图 3.2 所示。

图 3.2 图像分类、图像检测效果

3.3.1 图像检测

图像检测也称目标检测，是指采用一定的方法或算法检测出图像中某个目标物体，并获取这个目标物体的类别、大小、位置、姿态等信息。

例如，在人脸检测系统中，通过人脸检测算法检测一幅图像是否含有人脸，如果含有人脸，那么就把人脸像素区域标出来。

又如，在无人驾驶系统中，通过 YOLO 算法可以准确地检测出白天或夜间道路上的行人、小车、自行车、小动物等物体，如图 3.3 所示，以实现对小车车速、加速度、转向幅度的控制。

图 3.3　采用 YOLO 算法检测小车

3.3.2　图像分割

图像分割可以简单地理解为精细化的目标检测，是指采用一定的方法或算法将图像分成若干特定的、具有特殊性质的像素区域并获取感兴趣目标的过程。

图 3.4 所示为人体细菌分割图，图中分割出不同形状、不同类别的细菌，并精确地画出细菌和非细菌的边界线。

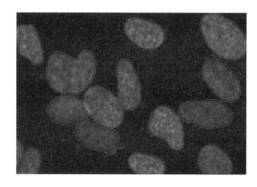

图 3.4　人体细菌分割图

一般情况下，我们把图像分割分为两大类：一类是语义分割，只关注类别，忽略个体实例，如图 3.5(左)所示；另一类是实例分割，主要关注个体实例，如图 3.5(右)所示。

图像分割主要应用在识别要求较高的场景中，比如在无人驾驶系统中，为了保障无人驾驶车的安全，我们可以通过图像分割算法对道路区域和非道路区域进行精细识别与分割，对交通标志和道路广告进行精细分割，等等。

图 3.5　人类语义分割(左)和人类个体实例分割(右)

3.3.3　图像分类

图像分类也叫图像识别，是将图像检测到的目标和文件或数据库中的某个已知类别的图像对应起来，并将此图像归为文件或数据库中的某个类别，或数据库中的某个人或某个物体，从而完成图像识别或图像分类的功能。

例如，在某小区人脸识别门禁系统中，通过将门禁系统的摄像头检测到的人脸图像与数据库里的已标记业主类别的人脸图像进行比较，如果检测出的人脸图像和数据库中的人脸图像相似度非常高，那么这个人就是该小区的业主，随后门禁系统执行自动开门操作；否则，将此人识别为陌生人，不执行开门操作。

3.4　计算机视觉的应用场景

计算机视觉涉及的领域非常广，主要包括人脸识别、视频监控、图像识别、无人驾驶等应用场景。

3.4.1　人脸识别

人脸识别是基于人的脸部特征信息进行身份识别的一种生物识别技术。该技术以较高的准确率、方便快捷等优点受到人们的青睐，并已经广泛应用于安防、司法、军队、公安、边检、电力、企业、医疗等领域。人脸识别技术具体应用在人脸搜索、人脸关键点定位、身份认证、单位考勤、门禁系统、人脸检测跟踪、人脸对比等场景中，如图 3.6 所示。

图 3.6　人脸识别应用场景

3.4.2　视频监控

视频监控是指对视频中人或物的行为进行实时监控，或对异常行为进行跟踪的一项技术。该技术被广泛用于人群密度分析、防控预警、异常预警、交通监控、道路车辆行为分析等场景中，如图 3.7 所示。比如，公安人员在繁杂的监控视频中搜寻犯罪嫌疑人，交通执法部门在视频监控中快速查找肇事车辆，等等。

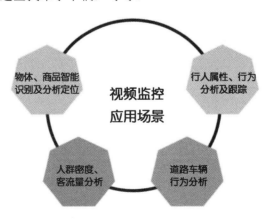

图 3.7　视频监控应用场景

3.4.3 图像识别

图像识别是根据数据库或文件中已有的图像数据识别或查询相似图像的一种技术。该技术广泛应用于以图搜图、物体识别、场景识别、车型识别、服装分析、商品识别，以及黄色、暴力事件鉴别场景中，如图 3.8 所示。例如，在拼多多软件系统中，拼多多软件实时对买家的购买记录进行商品爱好分析和识别，然后针对性地向买家推销适合买家的意向商品。

图 3.8　图像识别应用场景

3.4.4 无人驾驶

无人驾驶系统通过计算机视觉、机器学习、智能感知等技术对道路上的行车区域、行人、小车、交通标志、障碍物等进行检测，从而实现路线规划及车辆速度、车辆转向等控制，如图 3.9 所示。

目前，小轿车已经成为无人驾驶技术的主要应用方向，但想要完全实现无人驾驶并投入商业应用还有一段路要走。不过利用高性能的深度学习技术(比如百度的飞桨产业级深度学习平台)、云计算、大数据、物联网技术，小轿车的辅助驾驶功能及应用会越来越普遍。

除了上述这些场景，计算机视觉在医疗影像诊断、三维建模、工业仿真、工业视觉、文字识别(Optical Character Recognition，OCR)、影视特效制作等领域也有广泛的应用。

图 3.9　无人驾驶应用场景

3.5　物体检测算法——滑动窗口物体检测法

物体检测的目的是检测出图像中特定物体目标并给出其在图像中的确切位置，其主要任务分为三部分，即：(1)检测出图像中的某个目标；(2)标识出该检测目标在图像中的位置；(3)检测出图像中的其他目标及其位置。

物体检测方法主要分为滑动窗口物体检测方法和基于兴趣点的物体检测方法两种，其中，滑动窗口物体检测法比较常用，如图 3.10 所示。

图 3.10　滑动窗口检测物体

　　滑动窗口物体检测法就是利用一个图像框在图像中移动，检测图像框里面有没有需要检测的目标，如果有就检测成功了；否则，继续在下一个位置中寻找。

　　滑动窗口物体检测法的详细操作步骤如下。

　　【第1步】选择合适的分类算法，训练出一个被检测目标的分类器。

　　【第2步】采用训练好的分类器，通过不同尺寸和长宽比的窗口对整张图像进行完整的搜索，如果分类器的预测值较高，说明这个窗口有被检测的物体，就保留该窗口，直到所有大小不同的窗口处理完毕为止。

　　【第3步】对处理完的窗口出现的重叠现象，可以使用非极大抑制法，留下合适的窗口，丢弃其他重叠的窗口。

　　【第4步】将得到的各种窗口和对应的类别利用标注的数据框进行回归分析，让窗口检测更加精确。

习题

　　1. 试着阐述什么是计算机视觉，计算机视觉有什么好处。

　　2. 试着阐述计算机视觉的任务，各个任务有什么不同。

　　3. 试着阐述计算机视觉有哪些应用场景。

　　4. 试着阐述图像识别场景具体的用途。

　　5. 试着阐述无人驾驶场景具体的用途。

第 4 章

知识图谱

4.1 知识图谱的定义

知识图谱(Knowledge Graph)是一种基于图的数据结构而构成的语义网络。

知识图谱的基本单位是"实体(Entity)—关系(Relationship)—实体(Entity)",或由"实体—属性—属性值"构成的三元组。其中,三元组包含实体、属性、属性值、关系等元素。

(1) 实体:指具有可区别性且独立存在的事物。

(2) 属性:指实体具有的特征、特性、特点。

(3) 属性值:指实体指定属性的值。

(4) 关系:指实体之间的关联描述。

简单地讲,知识图谱就是以实体作为节点,以关系或属性作为边形成的语义知识网络图。

知识图谱的发展大概经历了五个阶段,主要包括基础概念阶段、知识工程阶段、Web 1.0阶段、Web 2.0阶段和目前的知识图谱阶段,如图4.1所示。

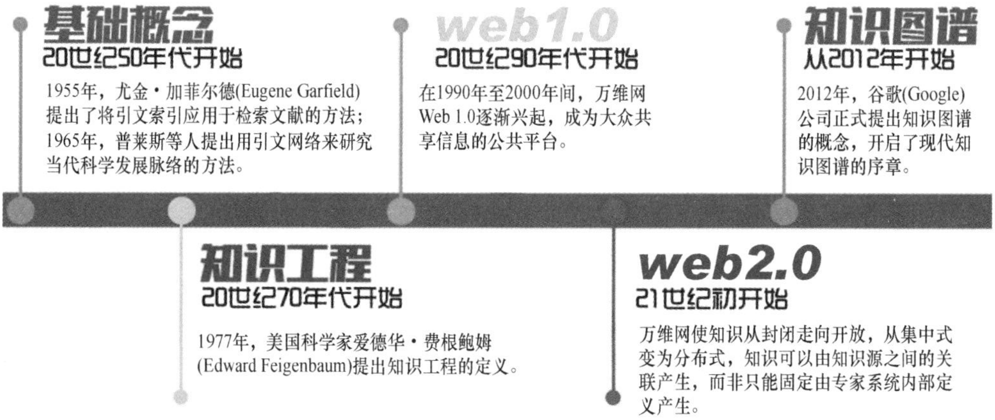

基础概念
20世纪50年代开始
1955年,尤金·加菲尔德(Eugene Garfield)提出了将引文索引应用于检索文献的方法;1965年,普莱斯等人提出用引文网络来研究当代科学发展脉络的方法。

web1.0
20世纪90年代开始
在1990年至2000年间,万维网Web 1.0逐渐兴起,成为大众共享信息的公共平台。

知识图谱
从2012年开始
2012年,谷歌(Google)公司正式提出知识图谱的概念,开启了现代知识图谱的序章。

知识工程
20世纪70年代开始
1977年,美国科学家爱德华·费根鲍姆(Edward Feigenbaum)提出知识工程的定义。

web2.0
21世纪初开始
万维网使知识从封闭走向开放,从集中式变为分布式,知识可以由知识源之间的关联产生,而非只能固定由专家系统内部定义产生。

图 4.1　知识图谱的发展历程

4.2 知识图谱的构建过程

知识图谱的构建过程一般包括知识抽取、知识融合、知识加工。详细地说,知识图谱的构建过程分为三步,具体为:(1)原始数据源通过知识抽取或数据整合的方式转换为三元组形式;(2)三元组数据经过实体对齐和本体对齐处理,然后加入数据模型,形成标准的知识表示和知识融合；(3)通过知识推理形成新的知识形态，与原有知识共同经过质量评估，完成知识加工，最终形成完整形态的知识图谱。知识图谱构建详细过程如图 4.2 所示。

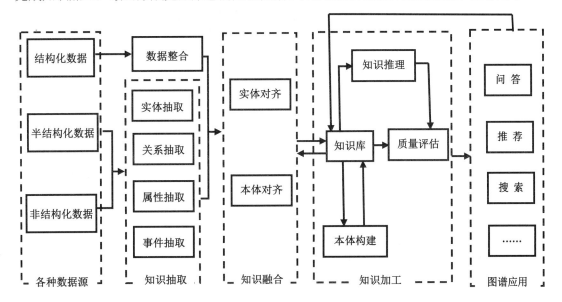

图 4.2 知识图谱的构建过程

○ 4.2.1 知识抽取

知识抽取是指根据自然语义中的主谓宾语法规则进行相关知识的抽取。知识抽取包括实体抽取、关系抽取、属性抽取、事件抽取等。

1) 实体抽取

实体抽取是指从不同的数据源中检测出实体并提取实体。实体抽取的常用方法有基于规则与词典方法、基于统计机器学习方法、面向开放域抽取方法等。

2) 关系抽取

经过实体抽取后得到一系列的命名实体，为了得到语义信息，还需要从各种数据源中抽取实体与实体间的关联关系，通过关联关系将不同的实体联系在一起，这就是关系抽取。关系抽取可以为以后构建网状的知识结构打下坚实的基础。

3) 属性抽取

属性抽取是指从不同的数据源中获得不同实体的特征、性质等属性信息。

例如，针对娱乐界某位知名影星，我们可以从各种媒体上公开的信息中抽取这位影星的昵称、生日、国籍、特长、爱好、学历及擅长的影视角色等属性信息。

4) 事件抽取

事件抽取是指从不同的数据源中提取出各个实体对应的事件的相关信息。比如，某个实体发生事件的时间、地点、参与角色，以及与之相关的动作或者状态的改变等。

4.2.2 知识融合

经过知识抽取后，我们从不同的数据源获取到了实体信息、实体与实体的关联关系信息、各实体的属性信息等。接下来，我们需要通过知识融合技术将这些杂乱无章的信息构建成一个完整的整体。

知识融合是指对来自不同数据源的关于同一个实体信息、关系信息和属性信息在统一标准下进行实体对齐、属性融合、属性值规范化等处理，从而消除实体、关系、属性等元素与事实对象之间的歧义或冲突问题。

(1) 实体对齐：对来自不同数据源的同一实体进行规范。

(2) 属性融合：识别同一属性的不同描述。

(3) 属性值规范化：采用统一格式规范属性值。

知识融合示例如图 4.3 所示。

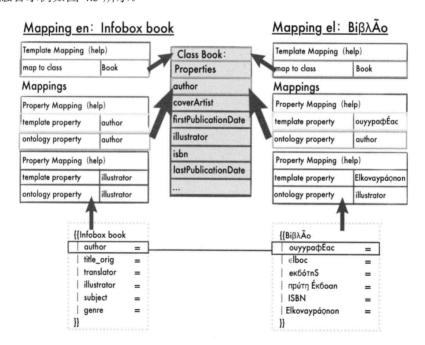

图 4.3 知识融合示例

4.2.3　知识加工

经过知识抽取步骤后，我们从不同的数据源获得实体、关系和属性等信息，并且经过知识融合后，我们消除了实体指标项和实体对象之间的歧义问题，得到一些规范化的信息。但事实本身并不等于知识，要想得到结构化、网络化的知识体系，还需要经历本体构建、知识推理和质量评估等知识加工过程。

1) 本体构建

本体是指概念集合，也是概念框架，比如"人""事情""物体"等。本体构建方式有两种：一种是采用人工方式进行手动构建，这种构建方式工作量巨大；另一种是数据驱动的自动化构建方式。

当前主流的本体库产品比较多，大都是从一些面向特定领域的现有本体库出发，采用自动构建技术方式逐步扩展，进而形成一个结构复杂、功能强大的本体库。

例如，本体库 DBpedia 是从维基百科的词条里提取结构化的数据，允许用户进行复杂问题的查询，并链接网上其他数据集到维基百科数据集。本体库 DBpedia 描述 340 多万个事件(从 90 多种语言中提取)，其中 150 万个事件一直以本体的方式进行分类，包括 312 000 个人物、413 000 个地方、94 000 个音乐专辑、15 000 个视频游戏、140 000 个组织机构、146 000 个物种和 4 600 种疾病。

2) 知识推理

经过本体构建后，一个知识图谱的雏形已经形成，但是知识图谱之间的大多数关系还不完善，这时需要从知识库中已有的实体关系出发，经过计算机推理，建立实体间的关联关系，从而拓展和丰富知识网络。

3) 质量评估

经过本体构建和知识推理后，我们得到一个完整的知识图谱，但是有些知识的可信度不高，这时我们需要对这些知识的可信度进行量化，舍弃置信度较低的知识，提高知识库的质量。

知识加工示例如图 4.4 所示。

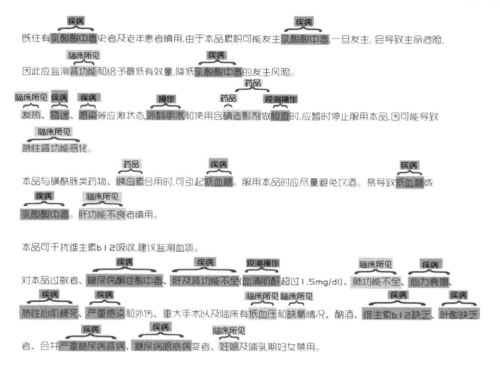

图 4.4 知识加工示例

4.3 案例——构建人工智能知识图谱

知识图谱能够很好地展示两个或两个以上实体之间的相互联系或关系，使读者更容易理解并掌握人工智能的相关知识、基本原理及关键技术之间的相互关系。现以人工智能为例构建人工智能知识图谱。

第一步：人工智能知识抽取

从人工智能方面知识中抽取出人工智能实体及其关联实体知识。人工智能涉及的实体有人工智能关键技术、人工智能应用场景、机器学习等。

人工智能关键技术实体包括知识图谱、机器学习、自然语言处理、计算机视觉、感知技术、云计算、大数据及物联网等。

人工智能应用场景实体有图像识别、语音识别、无人驾驶、智能家具及聊天机器人等应用场景。

机器学习实体包括监督学习、半监督学习、无监督学习、强化学习等，其中，无监督

学习实体包括 k-Means 算法、PCA 算法等；半监督学习实体包括自训练算法、生成模型算法、直推学习算法等；监督学习实体包括 k 近邻算法、SVM 算法等；强化学习实体包括 Q-Learning 算法等。

第二步：人工智能知识融合

从知识融合中创建图谱知识节点，知识图谱节点主要有人工智能、知识图谱、机器学习、自然语言处理、计算机视觉、感知技术、云计算、大数据及物联网、监督学习、半监督学习、无监督学习、强化学习等。

下面创建人工智能、机器学习、自然语言处理等节点，Cypher 参考代码如下。

```
01.   // 创建 Ai、Machine、knowledge、Nlp 等关键技术实体节点
02.   CREATE (Ai:AI {name:'人工智能'})
03.   CREATE (Machine:key_technology {name:'机器学习'})
04.   CREATE (knowledge:key_technology {name:'知识图谱'})
05.   CREATE (Nlp:key_technology {name:'自然语言处理'})
06.   CREATE (Computer_Vision:key_technology {name:'计算机视觉'})
07.   CREATE (Perception_Technology:key_technology {name:'感知技术'})
08.   CREATE (Cloud_Computing:key_technology {name:'云计算'})
09.   CREATE (Big_data:key_technology{name:'大数据'})
10.   CREATE (IOT:key_technology{name:'物联网'})
11.   // 创建 Image_Recognition、Speech_Recognition 等应用场景实体节点
12.   CREATE (Image_Recognition:Application{name:'图像识别'})
13.   CREATE (Speech_Recognition:Application {name:'语音识别'})
14.   CREATE (Driverless:Application{name:'无人驾驶'})
15.   CREATE (ChatGPT:Application{name:'聊天机器人'})
16.   CREATE (Smart_Home:Application {name:'智能家居'})
17.   // 创建 Supervised_learning、Knei 等机器学习算法实体节点
18.   CREATE (Supervised_learning:ML {name:'监督学习'})
19.   CREATE (Semi_supervised_learning:ML {name:'半监督学习'})
20.   CREATE (Unsupervised_learning:ML {name:'无监督学习'})
21.   CREATE (Reinforcement_learning:ML {name:'强化学习'})
22.   CREATE (Pca:Unsuper {name:'PCA'})
23.   CREATE (K_means:Unsuper {name:'K-Means'})
24.   CREATE (Self_Training:Semi{name:'自训练'})
```

```
25.   CREATE (Transductive_Learning:Semi {name:'直推学习'})
26.   CREATE (Generative_Model:Semi {name:'生成式模型'})
27.   CREATE (Knei:Super {name:'K近邻'})
28.   CREATE (Svm:Super {name:'SVM'})
29.   CREATE (Q_Learning:Reinfor {name:'Q-Learning'})
```

第三步：人工智能知识加工

通过知识加工可以找到各个节点之间的关系或联系，进而创建实体联系图谱。创建节点与子节点间联系的主要 Cypher 参考代码如下。

```
01.   // 构建 Ai 实体与关键技术实体的联系
02.   CREATE (Ai)-[:关键技术{name:'key_technology'}]->(Machine)
03.   CREATE (Ai)-[:关键技术{name:'key_technology'}]->(knowledge)
04.   CREATE (Ai)-[:关键技术{name:'key_technology'}]->(Nlp)
05.   CREATE (Ai)-[:关键技术{name:'key_technology'}]->(Computer_Vision)
06.   CREATE (Ai)-[:关键技术{name:'key_technology'}]->(Perception_Technology)
07.   CREATE (Ai)-[:关键技术{name:'key_technology'}]->(Cloud_Computing)
08.   CREATE (Ai)-[:关键技术{name:'key_technology'}]->(Big_data)
09.   CREATE (Ai)-[:关键技术{name:'key_technology'}]->(IOT)
10.   // 构建 Ai 实体与应用场景实体的联系
11.   CREATE (Ai)-[:应用场景{name:'Application_scenarios'}]->(Image_Recognition)
12.   CREATE (Ai)-[:应用场景{name:'Application_scenarios'}]->(Speech_Recognition)
13.   CREATE (Ai)-[:应用场景{name:'Application_scenarios'}]->(Driverless)
14.   CREATE (Ai)-[:应用场景{name:'Application_scenarios'}]->(ChatGPT)
15.   CREATE (Ai)-[:应用场景{name:'Application_scenarios'}]->(Smart_Home)
16.   // 构建 Machine 实体与机器学习分类、各算法实体的联系
17.   CREATE (Machine)-[:分类{name:'classify'}]->(Supervised_learning)
18.   CREATE (Machine)-[:分类{name:'classify'}]->(Semi_supervised_learning)
19.   CREATE (Machine)-[:分类{name:'classify'}]->(Unsupervised_learning)
20.   CREATE (Machine)-[:分类{name:'classify'}]->(Reinforcement_learning)
21.   CREATE (Unsupervised_learning)-[:算法包括{name:'classify'}]->(Pca)
22.   CREATE (Unsupervised_learning)-[:算法包括{name:'classify'}]->(K_means)
23.   CREATE (Semi_supervised_learning)-[:算法包括
24.   {name:'classify'}]->(Self_Training)
25.   CREATE (Semi_supervised_learning)-[:算法包括
```

26.	`{name:'classify'}]->(Transductive_Learning)`
27.	`CREATE (Semi_supervised_learning)-[:算法包括`
28.	`{name:'classify'}]->(Generative_Model)`
29.	`CREATE (Supervised_learning)-[:算法包括{name:'classify'}]->(Knei)`
30.	`CREATE (Supervised_learning)-[:算法包括{name:'classify'}]->(Svm)`
31.	`CREATE (Reinforcement_learning)-[:算法包括`
32.	`{name:'classify{name'}]->(Q_Learning)`
33.	`// 构建 Machine 实体与应用场景实体的联系`
34.	`CREATE (Image_Recognition)-[:涉及技术{name:'Technology'}]->(Machine)`
35.	`CREATE (Speech_Recognition)-[:涉及技术{name:'Technology'}]->(Machine)`
36.	`CREATE (Driverless)-[:涉及技术{name:'Technology'}]->(Machine)`
37.	`CREATE (ChatGPT)-[:涉及技术{name:'Technology'}]->(Machine)`
38.	`CREATE (Smart_Home)-[:涉及技术{name:'Technology'}]->(Machine)`

通过 Neo4j 软件生成人工智能各类知识图谱，如图 4.5～图 4.8 所示。

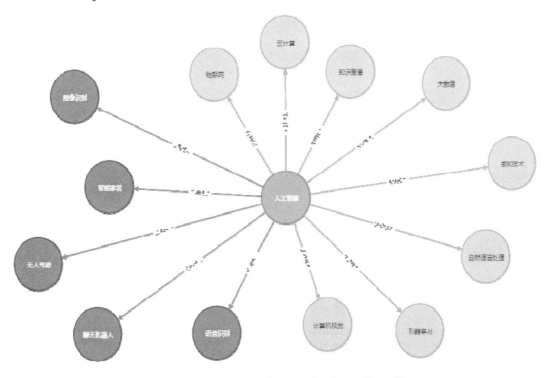

图 4.5 人工智能、关键技术及应用场景知识图谱

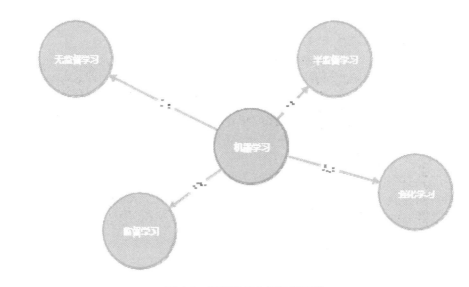

图 4.6　机器学习分类知识图谱

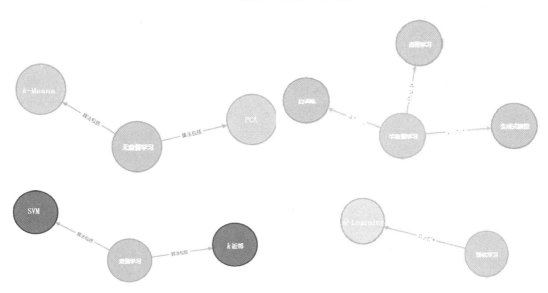

图 4.7　无监督学习、半监督学习、监督学习、强化学习分类知识图谱

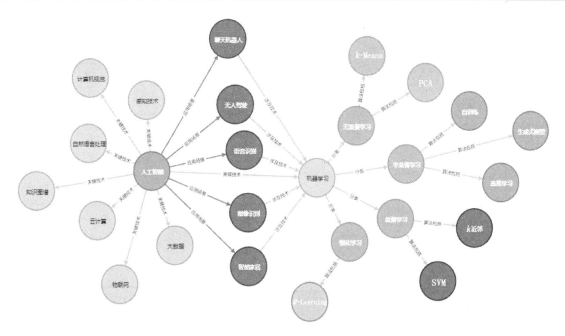

图 4.8 人工智能、关键技术、应用场景及机器学习的知识图谱

习题

1. 什么是知识图谱？知识图谱与数据库 *E-R* 图有什么不同？
2. 知识图谱有什么优势？
3. 说一说知识图谱的创建过程。
4. 请利用 Neo4j 软件生成"教师—课程—学生"的知识图谱。
5. 试着应用某一网络上的人脉关系图谱，分析知识图谱的优点。

第 5 章

自然语言处理

5.1 自然语言处理的定义

自然语言处理(Natural Language Processing，NLP)是指使用自然语言实现人与计算机之间有效通信的理论和方法。

自然语言处理是以自然语言为研究对象，利用计算机技术来分析、理解和处理自然语言的一门学科，即把计算机作为语言研究的强大工具，在计算机的支持下对语言信息进行定量化的研究，并提供可供人与计算机之间共同使用的语言描写。

自然语言处理包括自然语言理解(Natural Language Understanding，NLU)和自然语言生成(Natural Language Generation，NLG)两部分，具体情况如图 5.1 所示。

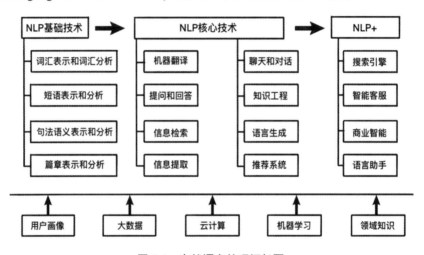

图 5.1　自然语言处理框架图

5.1.1 自然语言理解

自然语言理解是指计算机理解自然语言文本的真实意思的过程。

自然语言理解旨在理解和分析人类语言，重点关注对文本数据的理解，通过对其分析和处理来提取相关信息，理解文本的真实意思。

自然语言理解涵盖了 AI 面对的最困难的挑战，即文本解读。自然语言理解所面对的主要挑战是理解对话。早期自然语言理解使用树形法来表示对话，但许多对话的情况都无法使用这种方法表示，为了覆盖更多情况，就需要更多的树，每个对话的上下文对应一棵树，从而造成很多句子重复、效率低下的弊端。

如今，为了较好地理解人类语言，处理对话上下文，消除歧义和管理数据，自然语言理解提出了文氏图法来表示对话，如图 5.2 所示。文氏图中的每个集合代表对话的一个上下文，上下文 C 和上下文 B 相交，说明这两个对话内容是相当关联的；上下文 B 包含上下文 A，说明上下文 B 包含了上下文 A；上下文 C 与上下文 D 不相交，也不相互包含，说明这两个上下文内容毫无关联。

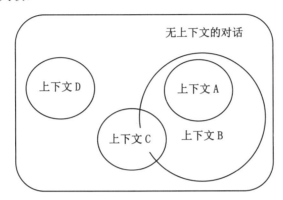

图 5.2　用文氏图表示上下文对话

5.1.2　自然语言生成

自然语言生成是指用自然语言文本来表达用户的意思、意图、思想的过程，简单地讲，自然语言生成就是生成包含用户的意义和结构的句子、段落及文章的过程。

自然语言生成由生成器、表示的组件和层级及应用构成。

(1) 生成器：根据人类给定的意图，选择与上下文相关的文本。

(2) 表示的组件和层级：为生成的文本赋予结构。

(3) 应用：遵循相应的逻辑结构，从对话中保存相关数据。

自然语言生成的优点是提高数据的可访问性，还可以用来快速生成报告摘要。

5.2　自然语言的发展历程

语言是人类区别于其他动物的本质特性。自然语言通常是指自然地随文化演化而来的语言，如俄语、英语、汉语等。自然语言是人类交流的主要工具。

自然语言处理的相关研究始于人类对机器翻译的探索。自然语言处理包含语音、语法、语义、语用等方面的操作，简单地讲，自然语言处理的基本任务就是基于本体词典、词频统计、上下文语义等方式对语言材料进行分词，形成以最小词性为单位，且富含语义的词项单元。

最早的自然语言理解方面的应用案例是机器翻译。例如，1949 年，美国人威弗最早提出了机器翻译设计方案，这个方案为机器翻译的发展打下了坚实的基础。

自然语言处理的发展经历了三个阶段，包括早期自然语言处理阶段、统计自然语言处理阶段和神经网络自然语言处理阶段。

5.2.1　早期自然语言处理阶段

早期自然语言处理阶段(20 世纪 60 至 80 年代)：早期自然语言处理是基于规则建立的词汇、句法、语义分析、问答、聊天和机器翻译系统。

优点：这些规则可以利用人类的经验知识，不依赖数据。

缺点：规则覆盖面不全，规则管理和规则的可扩展性问题一直未被很好地解决。

5.2.2　统计自然语言处理阶段

统计自然语言处理阶段(20 世纪 90 年代至 2007 年)：这个时期由于基于统计的机器学习算法开始流行，自然语言处理也开始使用基于统计的方法。

统计自然语言处理思想是利用带标注的数据，在人工定义的特征集上构建机器学习系统，并通过数据学习来确定机器学习系统的参数。使用时，通过机器学习系统的参数对输入数据进行解码，得到输出。比如，机器翻译、搜索引擎都利用这种统计方法获得了成功。

5.2.3　神经网络自然语言处理阶段

神经网络自然语言处理阶段(2008 年至今)：神经网络学习算法可以在语音和图像方面深入研究。从 2014 年开始，人们采用神经网络学习算法建模，进行端对端的训练、评估、测试等操作。

目前，神经网络学习算法在机器翻译、问答、阅读理解等领域取得了新的进展。

5.3　自然语言处理技术

在自然语言处理过程中，自然语言分析包括语法分析、句法分析、语义分析、语用分析、篇章分析等内容。自然语言处理示例如图 5.3 所示。

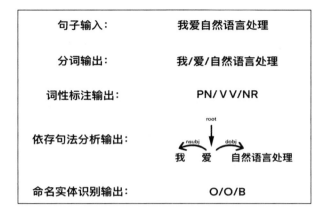

图 5.3　自然语言处理示例

5.3.1　语法分析

语法分析的任务是进行词性标注和词义标注，基于规则和统计来标注词性。

5.3.2　句法分析

句法分析主要分析句子的句法结构和成分，明确成分之间的相互关系。句法分析分为完整句法分析、浅层句法分析两种。

句法分析常用的一些标准方法如下。

(1) 分割：将一句话分解为较小的语段。

(2) 词形还原：将一个词缩小至词基，并将具有相似词基的词组合在一起。

(3) 词性标注：指出每个词的词性。

(4) 提取词干：删除词的前缀和后缀，以获得词干。

5.3.3　语义分析

语义分析是指根据句子的句法结构和句子中每个实词的词义推导出来能够反映句子意义的某种形式化表示，将人类能够理解的自然语言转化为计算机能够理解的形式语言。例如，有两个句子："我把椅子抬起来了"和"椅子被我抬起来了"，从中可以看出两个句子表述形式是不同的，但表达的意思是一样的，我们就可以通过一种语义形式表达：抬起(我，椅子)，这就是语义分析的简单例子。

以下是机器分析语义的两种流行方法。

(1) 命名实体识别：确定预设组(例如人物和地点)并将其分类。

(2) 词义消歧：根据语境确定词义。

机器可以结合使用上述方法来获取给定文本中的句法和语义。

5.3.4　语用分析

语用分析指人类对语言的具体运用，是对自然语言的深层理解，即在语义分析的基础上增加了上下文、语言背景、语境等的分析，从文章的结构中提取出意象、人际关系等附加信息。语用分析将语句中的内容和现实中的细节联系在一起，从而形成动态的表意结构。

5.3.5　篇章分析

篇章分析是对段落和整篇文章进行理解与分析，具体来说，篇章分析包括标签提取、文档相似度分析、主题模型分析、文档分类和聚类分析等。

5.4　自然语言处理的判别标准

在人工智能领域或者语音信息处理领域中，许多专家普遍认为采用图灵测试可以判断计算机是否理解了自然语言，具体的判断标准有以下四条。

第一条标准——问答：机器能正确回答输入文本中的有关问题。

第二条标准——文摘生成：机器能够生成输入文本的摘要。

第三条标准——释义：机器能够使用不同的词语和句型来复述其输入的文本。

第四条标准——翻译：机器能够把一种语言翻译成另一种语言。

5.5　自然语言处理的应用场景

自然语言处理改变了我们与计算机之间的交流方式，人们可以用自己比较习惯的语言来使用计算机，这极大地方便和推广了计算机的应用。同时，自然语言作为人类社会信息的载体，在各个领域都存在着海量的文本，因此，自然语言处理也成为重要的支持技术，在各个领域都发挥着重要的作用，如图 5.4 所示。

在计算机领域，自然语言处理可以进行机器翻译、语音识别与语音合成。在信息领域，自然语言处理可以用于文本检索，根据对用户需求的理解，提供和优化检索结果；可以用于信息提取与分类，使文本的组织、阅读和使用更加方便高效；可以通过分析用户的兴趣、偏好和行为，提供个性化的信息推荐和服务。

如今，这些技术已经应用在了我们生活和工作的各个方面，例如我们常用的搜索引擎、手机里的语音助手、翻译软件、智能客服、聊天机器人、语音输入、拼写检查、智能阅卷，等等，大大提高了我们生活和工作的效率及质量。

图 5.4　自然语言处理的应用场景

5.5.1　机器翻译

1) 机器翻译的定义

机器翻译是指通过计算机程序将一种书面形式或声音形式的自然语言，转换成另一种书面形式或声音形式的自然语言。狭义上的自然语言可以是中文、英文或某些小语种；广义上的自然语言可以理解为一切沟通方式，包括古文、甲骨文甚至是动物的交流语言。

搜狗语音实时翻译流程如图 5.5 所示。

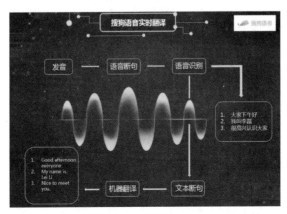

图 5.5　搜狗语音实时翻译流程图

2) 机器翻译的方法

机器翻译方法一般分为三种：

(1) 基于规则的理性研究方法；

(2) 基于统计的经验研究方法；

(3) 与深度学习相结合的方法。

人类在认知过程中会对语言进行解释或理解，并在许多层面上进行翻译；而机器处理的只是数据、语言形式和结构，现在还不能做到深度理解语言含义。

3) 机器翻译应用场景

机器翻译的目的是开发计算机算法以允许自动翻译，而无须任何人工干预。目前，计算机能够实现语音翻译、图像翻译、VR 翻译等。例如，亚马逊公司的 Alexa、苹果公司的 Siri、微软公司的 Cortana 以及语音同传技术都体现了语音翻译的方便性和灵活性；医疗创业公司利用计算机阅览 X 光照片、MRI 照片和 CT 照片则实现了图像翻译在医疗领域的落地。

著名的机器翻译应用程序 Google Translate 是基于统计机器翻译(Statistical Machine Translation，SMT)方法，其基本思想是通过搜集尽可能多的文本，构建统计翻译模型，然后使用此模型进行翻译，如图 5.6 所示。

图 5.6　Google Translate 机器翻译应用程序

5.5.2　信息检索

1) 信息检索的过程

信息检索是指从相关文档集合中查找用户所需信息的过程。信息检索的步骤如下。

第1步 信息存放：对信息进行收集、标引、描述、组织，然后进行有序存储。

第2步 信息读取：按照某种查询机制从有序存放的信息集合(数据库)中找出用户所需信息或获取其线索。

第3步 信息检索成功：将用户输入的检索关键词与服务器数据库中的标引词进行对比，两者匹配成功，则表示信息检索成功。

2) 信息检索应用场景

信息检索主要用于文字、图片、音频、视频等各种信息的检索，而搜索引擎是最常见、规模最大的信息检索系统。如今，百度、谷歌等搜索引擎在各行各业中使用得比较普遍。

搜索引擎能够根据问题匹配答案，并根据用户的部分输入信息给出相关提示问题，最后得出用户想要的答案。

百度搜索首页如图 5.7 所示。

图 5.7　百度搜索首页

5.5.3　情感分析

1) 情感分析的定义

情感分析是指根据文本数据自动解释和分类情感的分析过程，它使用机器学习算法来分析和分类文本数据的情感基调。

2) 情感分析应用场景

情感分析在评论机制方面应用得较为广泛。在互联网舆情分析中，尤其是在选举预测、股票预测等领域，情感分析起着举足轻重的作用。

同时，情感分析有助于企业了解消费者对商品或服务是否满意。搜索负面文本和识别主要投诉内容可以显著地帮助企业改变概念，改进产品和广告，并减少用户不满程度。反之，明确的正面评论会提高广告收视率和产品销量。情感分析示例如图 5.8 所示。

图 5.8　情感分析示例

5.5.4　自动问答

自动问答又称智能问答，是指利用计算机系统自动回答用户所提出的问题，以满足用户对知识的需求。自动问答一般分为以下三类。

(1) 检索式问答：通过检索和匹配回答问题，这种回答推理能力较弱。

(2) 知识库问答：是一种基于大规模的知识库和自然语言处理技术的解决方案，旨在让计算机能够理解人类提出的问题，并通过知识库快速获取准确的信息和答案。

(3) 社区问答：是公开发布问题、征集答案、解答他人问题的平台。例如，国外有 Quora(夸拉)网站，国内有知乎、百度知道、搜狗问问等网站。

习题

1. 试着阐述什么是自然语言处理及自然语言处理的组成部分。
2. 试着阐述自然语言处理的核心技术。
3. 试着阐述自然语言处理的应用场景。
4. 试着阐述什么是机器翻译，以及机器翻译有哪些方法。
5. 试着阐述情感分析理论。

第 6 章

机器学习与线性回归

6.1　机器学习的定义

机器学习(Machine Learning)是人工智能的核心技术，涵盖概率论、数理统计、运筹学、计算机算法等知识，广泛运用在数据挖掘、自然语言处理、搜索引擎、图像识别、语音识别、无人驾驶等场景。

从不同的角度看，机器学习有不同的定义，具体如下。

定义1：从计算机角度看，机器学习是一种计算机程序和算法，主要研究如何在经验学习中改善自己算法的性能。

定义2：从数学角度看，机器学习是利用数理统计、概率论等数学知识对已有的多维数据进行学习和理解，然后对新的多维数据进行判断和预测的过程。

定义3：从数学和计算机角度看，机器学习本质上就是让计算机从已有的数据中学习规律，并根据所得到的规律对未来数据进行预测的过程。

机器学习的基本思路是模仿人类行为的学习过程，就像我们处理现实中的新问题一样，我们一般通过数据采集、特征提取、经验分析、总结规律等步骤，从而预测事物未来的发展趋势。机器学习的基本过程如图6.1所示。

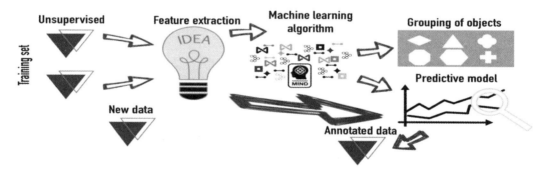

图6.1　机器学习的基本过程

6.2　机器学习的发展历程

(1) 20世纪50年代图灵测试的提出、塞缪尔西洋跳棋程序的开发，标志着机器学习正式进入发展期。

(2) 20 世纪 80 年代使用神经网络反向传播(BP)算法训练的多参数线性规划(MLP)理念的提出，将机器学习带入复兴时期。

(3) 20 世纪 90 年代提出的决策树(ID3 算法)，再到后来的支持向量机(SVM)算法，将机器学习从知识驱动转变为数据驱动的思路。

(4) 21 世纪初杰弗里·辛顿提出深度学习(Deep Learning)算法，使得机器学习研究又从低迷进入蓬勃发展期。

(5) 从 2012 年开始，随着计算能力的提升和海量训练样本的支持，深度学习成为机器学习研究的热点，并带动了产业界的广泛应用。

从机器学习发展的过程来说，其发展历程如图 6.2 所示。

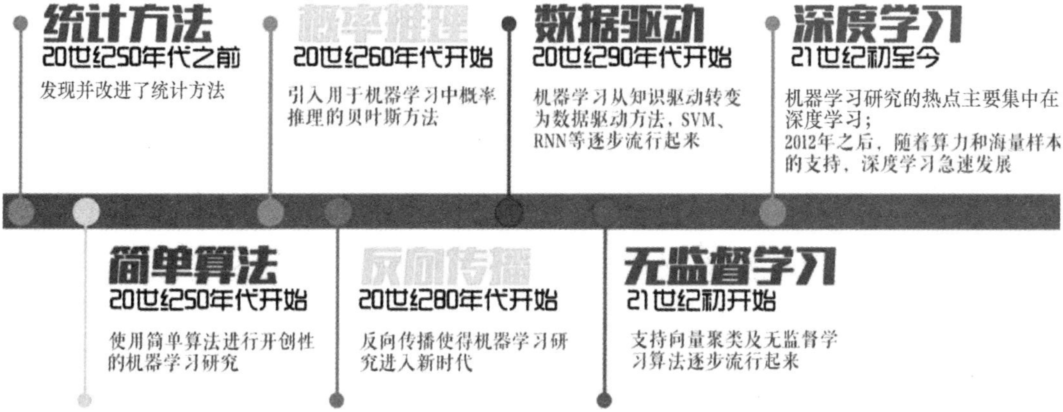

图 6.2   机器学习的发展历程

6.3   机器学习算法分类

从机器学习提出到发展已经经历 70 多年，衍生出了很多种机器学习算法，这里按学习模式的不同，可分为监督学习、半监督学习、无监督学习和强化学习等算法。

为了方便读者分析、理解，用浅灰色图形代表没有标签的数据，其他颜色的图形代表不同的类别有标签的数据。其中，监督学习、半监督学习、无监督学习、强化学习的算法图如图 6.3 所示。

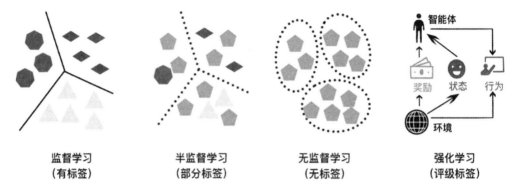

图 6.3　四类机器学习算法示例图

6.3.1　监督学习

监督学习(Supervised Learning，SL)是从已有分类标记的训练样本数据中学习数据模型，然后利用这个训练好的数据模型预测新的测试样本的数据类别。分类精确度越高，学习模型准确度就越高，预测越精确；否则，学习模型准确度越低，预测误差就越大。一般情况下，监督学习算法主要用于回归分析和分类预测中。

常见的监督学习算法有线性回归、逻辑回归、朴素贝叶斯、决策树、SVM、k 邻近等。线性回归、非线性分类示例如图 6.4 所示。

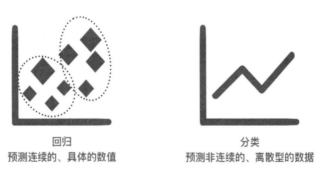

图 6.4　线性回归、非线性分类示例图

6.3.2　半监督学习

半监督学习(Semi-Supervised Learning，SSL)是从少量已标记的和大量无标记的训练样本数据中学习数据模型，然后利用训练好的数据模型去预测新的测试样本的数据类别。

常见的半监督学习算法有 Pseudo-Label、Ⅱ-Model、Temporal Ensembling、Mean Teacher、VAT、UDA、MixMatch、ReMixMatch、FixMatch 等。

6.3.3　无监督学习

无监督学习(Unsupervised Learning，UL)是从未进行类别标记的训练样本数据中寻找隐含规律并进行自动分类的过程。无监督学习主要用于关联分析、聚类和降维。

常见的无监督学习算法有主成分分析(Principal Component Analysis，PCA)、k-Means 算法(k 均值算法)、DBSCAN(Density-Based Spatial Clustering of Applications with Noise)算法、最大期望(Expectation-Maximization Algorithm，EM)算法等。

6.3.4　强化学习

强化学习(Reinforcement Learning，RL)是一种基于环境反馈进行决策的方法，它通过不断地与环境进行交互、试错、改正，最终完成特定目的或使整体效益最大化。强化学习不需要训练数据标签，但是每一步行动需要环境给予反馈(即奖励或惩罚)，这种反馈可以量化，并且基于反馈不断调整训练对象的行为。

与其他三种机器学习方法相比，强化学习有如下两个特点。

(1) 进行强化学习训练时，需要环境给予反馈，以及对应具体的反馈值。

(2) 强化学习不是一个分类的任务，不是金融市场中如何分辨欺诈客户和正常客户，而是指导训练对象每一步如何决策，采用什么样的行动可以完成特定的目的或者使收益最大化。强化学习常用于机器人避障、棋牌类游戏、广告推荐及商品推荐等应用场景中。

强化学习由 Agent(智能体)、Environment(环境)、State(状态)、Action(行动)、Reward(反馈)等五部分构成。

强化学习代表性算法主要有 Q-learning、SARSA(State-Action-Reward-State-Action)、Policy Gradient、Actor-Critic 等。

6.4　机器学习的过程

机器学习的过程是将现实中的问题抽象为数学模型，利用已有的历史数据对数据模型进行训练，然后根据训练好的数据模型对新的数据进行求解，并将结果转为现实问题的答案的过程。机器学习的过程一般分为五步，如图 6.5 所示，详细情况如下。

第1步 数据采集：从不同的数据源中获取数据。

第2步 数据预处理：对采集的数据进行图像归一化、图像增强、图像去噪等处理。

第3步 选择或创建模型：对预处理后的图像进行特征数据选择。

第4步 模型训练及模型评估：采用机器学习算法对样本数据进行训练，得到理想的数据模型。

第5步 模型测试：采用训练好的数据模型对待识别的数据进行测试，以识别其类别信息。

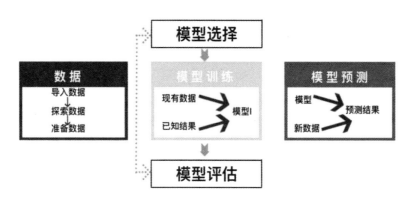

图6.5 机器学习的一般过程

6.5 认识机器学习算法——线性回归

在机器学习算法中，有一些经典的算法一直深受广大科研工作者的青睐，比如线性回归算法、k 近邻算法、支持向量机算法、人工神经网络算法及 $Q\text{-learning}$ 算法。本节详细介绍一下线性回归算法。

6.5.1 线性回归的数学表达式

线性回归(Linear Regression)是一种非常简单、应用非常广泛的机器学习算法，是一种通过拟合自变量 x_i 与 y 之间关系的最佳线性表达式，目的找到一条直线或曲线来预测目标变量的方法。线性回归的数学表达式如下：

$$y = \beta_0 + \beta_1 x_1 + \beta_2 x_2 + \cdots + \beta_n x_n \tag{6.1}$$

如果式6.1中包括两个或两个以上的自变量 x_i，且因变量和自变量 x_i 是线性关系，则称其为多元线性回归分析。

如果式 6.1 中只包括一个自变量 x_i 和因变量 y，且两者关系可用一条直线近似表示，则这种回归分析被称为一元线性回归分析，其表达式如下：

$$y = \beta_0 + \beta_1 x_1 \tag{6.2}$$

在线性回归问题中，x_i 是问题的特征值。例如，研究人的健康情况 y 与营养摄入 a、锻炼强度 b、睡眠时长 c 和心态良好程度 d 的关系，那么 a,b,c,d 属于自变量，y 是因变量。在经验数据的训练下，估算出回归参数 β_0，β_1，β_2，…，那么就可以根据测试特征值 $x_1, x_2, x_3, \cdots, x_n$，预测出目标的输入值，从而达到利用线性回归模型解决预测问题或预测趋势值的目的。

6.5.2　线性回归求解过程

线性回归求解过程就是用线性函数去拟合训练样本集，尽可能使所有样本与拟合函数之间的误差最小。图 6.6 所示是一家公司的广告投入和销售额之间关系的散点图，图中的直线是要拟合的函数图形，目的是找到一条处于合理位置的直线，使所有圆点到直线的距离平方和最小。

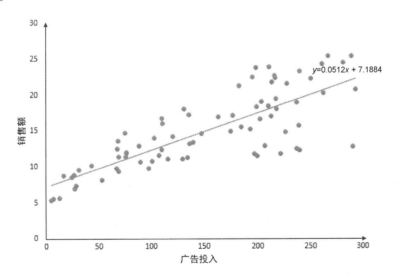

图 6.6　广告投入与销售额之间关系的散点图

在不断寻找该拟合直线的拟合参数 β_0, β_1 的过程中，通过普通最小二乘法，使 y 的预测值 $\hat{y}$ 和真实的 y_i 值的距离平方最小，可用下式表示：

$$\text{SSE} = \sum_{i=1}^{n} (\hat{y} - y_i)^2 \tag{6.3}$$

式中，SSE(Sum of Squared Error，残差平方和)是回归问题中最常用的损失函数。

现在我们知道了损失函数是衡量回归模型误差的函数，也就是我们要求的"直线"的评价标准。这个函数的值越小，说明直线越能拟合我们的数据。下面举个具体的例子。

例 6.1： 假设我们有如下三个样本，已构建了一个线性回归模型 $f(x)$，线性回归情况分析如下。

样本 A： 公司投入了 x=1 000 元做广告，销售量为 y=60，$f(x$=1 000)算出来是 50，偏差为-100。说明 $f(x)$ 函数对这些销售量数据拟合度过低。

样本 B： 公司投入了 x=2 000 元做广告，销售量为 y=95，$f(x$=2 000)算出来是 100，偏差为 10。说明 $f(x)$ 函数对这些销售量数据拟合度适中。

样本 C： 公司投入了 x=3 000 元做广告，销售量为 y=150，$f(x$=3 000)算出来是 150，偏差为 0，即没有偏差。说明 $f(x)$ 函数对这些销售量数据拟合度高。

6.6　案例——预测房屋价格

例 6.2： 根据已有的商品房面积—价格信息情况预测商品房价格。已知 2023 年 11 月龙岩市商品房面积—价格数据情况如表 6.1 所示。

表 6.1　龙岩市商品房面积—价格信息情况

面积/m²	价格/万元
50	60
80	104
120	136
140	190
124	142
70	96
129	146
125	140
136	183
150	220

为了方便试验，我们把表 6.1 中的数据保存在 house.txt 文本中，第 1 行 area 和 price 表示列名，第 2～11 行数据表示每组样本数据(包括面积、价格数据)，数据与数据间用"，"隔

开，如图 6.7 所示。

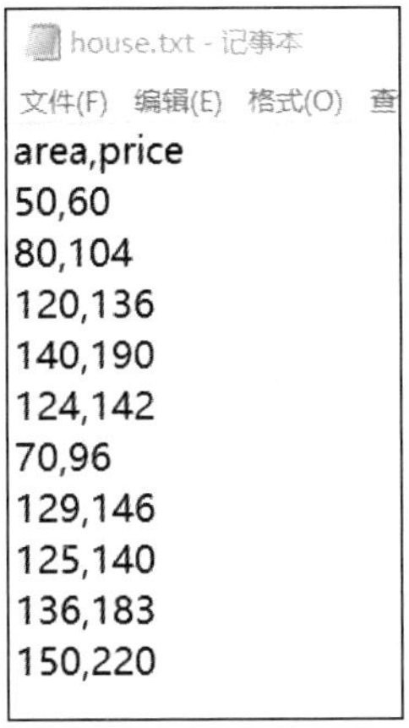

```
house.txt - 记事本
文件(F)  编辑(E)  格式(O)  查
area,price
50,60
80,104
120,136
140,190
124,142
70,96
129,146
125,140
136,183
150,220
```

图 6.7　龙岩市商品房面积—价格文本信息截图

为了方便读者阅读和理解，特将本题的线性回归解答过程分为五步来阐述，详细过程如下。

第1步 在 CMD 控制台或 PyCharm 上安装如下扩展库。

在 CMD 控制台上安装 Pandas、Matplotlib 扩展库，然后在 PyCharm 项目上添加两个库。

```
pip3  install  pandas
pip3  install  matplotlib
pip3  install  joblib
```

第2步 绘制面积—房价散点图。

参考代码 6.1：对表 house.txt 里的数据绘制散点图。

```
01.  # 导入 NumPy 库，并区别名 Np
02.  import numpy as Np
03.  # 导入 Pandas 库，并区别名 Pd
04.  import pandas as Pd
05.  # 导入 Matplotlib 库的 pyplot，并区别名 Plt
06.  import matplotlib.pyplot as  Plt
07.  # 利用 Np 库中 loadtxt 函数导入 house.csv 格式文件(其中数据与数据间用"，"隔开)
08.  house_data=Pd.read_csv('house.txt',sep=',',header=0)
09.  # 获取 house_data 数据 area 列的值并放在 X 中
10.  X=house_data['area']
```

```
11.    # 获取 house_data 数据 price 列的值并放在 Y 中
12.    Y=house_data['price']
13.    # 调用 scatter()函数，根据 X、Y 数据画散点图
14.    Plt.scatter(X,Y,c='b')
15.    # 显示散点图
16.    Plt.show()
```

绘制的房屋面积—价格的散点图如图 6.8 所示。

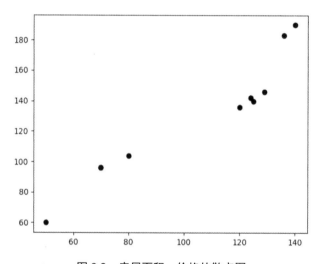

图 6.8　房屋面积—价格的散点图

第 3 步　线性回归模型训练。

(1) 数据归一化处理。

为了减少不同数据带来的影响，提高模型训练的精度，对商品房面积和房价的样本数据按照式 6.4 进行归一化处理。

$$x' = \frac{x - x_{min}}{x_{max} - x_{min}} \tag{6.4}$$

参考代码 6.2：实现数据归一化处理。

```
01.    house_data =
       (house_data-house_data.min())/(house_data.max()-house_data.min())
```

其中，house_data.min()用于获得数据的最小值，house_data.max()用于获得数据的最大值。

(2) 产生训练数据和测试数据。

为了更好地训练出商品房面积—价格线性表达式，我们通常把数据分成两部分，一部分数据用于训练线性回归模型，另一部分数据用于评估线性回归模型。如果样本数据足够多，那么两份数据比例可以为 1∶1。但本案例样本数据不多，我们把训练数据和测试数据的比例调整为 3∶2，其中，60%的数据为训练数据，40%的数据为模型验证和测试数据。

参考代码 6.3：产生训练数据和测试数据。

```
1.   #对归一化的数据 house_data 进行训练样本比例分配，训练样本占 60%
2.   train_data=house_data.sample(frac=0.6,replace=False)
3.   test_data=house_data.drop(train_data.index)
4.   # 把训练数据 train_data 的 area 列的值转换成 1 列，并放在 x_train 里
5.   x_train=train_data['area'].values.reshape(-1,1)
6.   # 把训练数据 train_data 的 price 列的值放在 y_train 里
7.   y_train=train_data['price'].values
8.   # 把测试数据 test_data 的 area 列的值转换成 1 列，并放在 x_test 里
9.   x_test =test_data['area'].values.reshape(-1,1)
10.  # 把测试数据 test_data 的 price 列的值放在 y_test 里
11.  y_test =test_data['price'].values
```

(3) 构建模型和训练模型。

采用机器学习库 sklearn 中的随机梯度下降回归模型函数 SGDRegressor 来构建线性回归模型。

若没有安装 sklearn 机器学习库，请在 cmd 命令窗口中执行如下命令：

```
pip3 install scikit-learn
```

若已安装好 sklearn 扩展库，那么我们可以编写如下代码，进行线性回归模型的训练，最终得到房价和面积的线性表达式。

参考代码 6.4：实现数据模型训练。

```
01.  # 从 sklearn 线性回归库中导入 linear_model 扩展库
02.  from sklearn import linear_model
03.  import joblib
04.  # 用线性回归算法拟合线性模型
05.  model=linear_model.LinearRegression(fit_intercept=True,normalize=False)
06.  model.fit(x_train,y_train)
```

```
07.    # 返回预测的准确率
08.    pre_score=model.score(x_train,y_train)
09.    print('score=',pre_score)
10.    β_0= model.intercept_;
11.    β_1=model.coef_;
12.    # 输出房价—面积的线性表达式
13.    print("线性回归方程为:y =",β_0,"+ ",β_1,"X")
14.    joblib.dump(model,'.\LinearRegression_house.model')
```

第4步 线性回归模型的测试和评估。

在训练好的模型 model 上运用剩余的测试数据 x_test 得到预测数据集 y_pred，然后通过调用 score 函数计算出测试的准确率，并计算出测试数据和真实数据的均方差。

参考代码 6.5：实现线性回归测试。

```
01.    # 通过预测函数 predict() 求得 x_test 的线性回归预测值，放在 y_pred 中
02.    y_pred=model.predict(x_test)
03.    #通过 score() 函数得到 x_test 和 y_test 的准确率
04.    print('测试集准确率=%.5f'%model.score(x_test,y_test))
05.    # 计算测试数据和真实数据的均方差
06.    MSE=Np.mean((y_test-y_pred)**2)
07.    print('均方差={:.5f}'.format(MSE))
```

第5步 绘制样本预测效果图。

为了方便大家观察线性回归的效果，特将样本集和绘制的线性回归直线做比较，从而达到房屋价格预测的目的。

参考代码 6.6：绘制样本预测效果图。

```
01.    # 把 house.txt 中 area 列数据变成 1 列，放在 x_data 中
02.    x_data=house_data['area'].values.reshape(-1,1)
03.    # 用预测函数 predict() 预测出房价的预测值，放在 y_data 中
04.    y_data=model.predict(x_data)
05.    # 根据已有的 area、price 数据绘制出散点图
06.    Plt.scatter(house_data['area'],house_data['price'],label='数据集')
07.    # 根据 x_data、y_data 绘制出连续的直线
08.    Plt.plot(x_data,y_data,'r',label='线性回归直线')
09.    # 图例位置设置在左上角
```

10.	`Plt.legend(loc='upper left')`
11.	`# 显示画好的图`
12.	`Plt.show()`

绘制的商品房样本数据和线性回归直线图如图 6.9 所示。

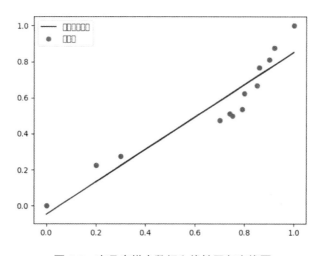

图 6.9　商品房样本数据和线性回归直线图

由图 6.9 可知，线性回归预测的房屋价格与实际价格趋于一致，这样我们就可以通过训练好的模型预测不同面积的房屋价格。注意，要想得到的房价准确率更高，需要提供尽可能多的真实数据。

习题

1. 试着阐述什么是机器学习及机器学习发展历程。
2. 试着阐述机器学习算法的分类。
3. 试着阐述监督学习和无监督学习的联系与区别。
4. 试着阐述线性回归理论。
5. 结合生活中的例子，试着用线性拟合理论来预测它们未来的发展趋势。

第 7 章

机器学习与分类器

分类(Classification)就是根据事物本身具有的独有的特征把不同事物归到不同的事物类里，即将某个事物判定为事物本身所属类别的有限类集合中的某一类的过程。

分类器就是能够准确地把不同事物归到不同类的计算机算法或数学模型。例如，已知不同类动物的体型、声音、毛发等特征，利用某个数学模型或计算机算法把小猪归在猪类中，把小狗归在狗类中，分类中的猪类、狗类等类别信息都是预先标注的，因此，这种分类属于监督学习。

在实践中，分类问题包括二分类问题和多分类问题。

1) 二分类问题

二分类问题就是根据某个事物独有的特征把这个事物判定为预先设定两类数据集中的某一类。例如，通过肤色、发型、声音、喉结等特征判断某个人是男生还是女生，这属于二分类问题。

2) 多分类问题

多分类问题就是根据某个事物独有的特征把这个事物判定为预先设定多类(两类以上)数据集中的某一类。例如，通过人脸五官特征识别出这张人脸是张三，那张人脸是李四，还有一张人脸是王二，这属于多分类问题。

7.1 分类器的工作原理

一般情况下，分类器进行事物分类的过程包括特征提取、选定正/负样本、设计/训练分类器、验证分类器、测试数据等步骤，详细情况如图7.1所示。

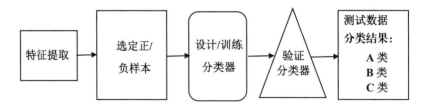

图7.1 分类器一般工作流程图

1) 特征提取

特征提取就是找出事物本身区别于其他事物的独特属性或特点。有了提取到的特征数据，我们才能对事物进行准确分类；如果没有特征数据，那么分类器就无法准确分类。

在生活中，我们常根据事物的特征来区别不同事物。例如，某种动物具有体型庞大，身高2米，体重有1000斤，鼻子长2米等特征，我们就可以把这种动物归为大象。

2) 选定正/负样本

选定正/负样本是训练样本的重要环节。其中，正样本是想要正确分类出该类别对应的样本；负样本是指不属于这一类的样本，属于其他类别的样本。

例如，要通过一张动物图像进行分类，判定这张图像中的动物是否为老虎，那么在对老虎图像样本进行模型训练的时候，各种老虎的图像是正样本，其他动物图像是负样本，这样我们就可以训练出一个老虎分类的模型。

3) 设计/训练分类器

分类器设计是指选择合适的机器学习算法对大量的样本数据进行学习训练后，最终得到一个相对理想的目标函数或数据模型，使待分类事物的样本特征向量集 x 能准确映射到一个预先定义的类别 y 上。因此，可以把分类器看作一个黑匣子，它的任务是根据输入样本数据的特征向量集 x 来输出类别 y，如图 7.2 所示。

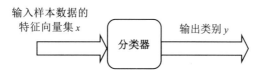

图 7.2　分类器的任务图

4) 验证分类器

验证分类器是通过已设计的分类器去测试其他样本数据，并验证这个分类器的性能和分类效果。如果分类效果不错，我们就继续采用这个分类器；如果分类效果不好，那么我们要修改分类器或选择其他合适的分类器。

5) 测试数据

测试数据是通过已验证并修改好的分类器去测试其他样本数据并得到这个测试数据的类别，然后输出测试数据的类别信息。

7.2　常用的分类器

近些年来，比较受欢迎的分类器有 k 近邻分类器、决策树分类器、支持向量机、人工神经网络等。下面我们进行详细讲解。

7.2.1　k 近邻分类器

1) k 近邻分类器原理

k 近邻算法是一种最简单有效的机器学习算法，它是在给定类别标签的训练样本数据中，找到与待测试样本(待分类的样本)数据最邻近的 k 个训练样本数据，按"少数服从多数"的原则进行数据分类，即这个待测试样本数据的 k 个最邻近的样本数据大部分属于哪个类，就把这个待测试样本归到哪个类中。

例 7.1：在已知蓝色五角星类、黄色梯形类中，利用 k 近邻算法对红色矩形进行分类。其中，图 7.3 中有两类样本数据，分别为黄色梯形类和蓝色五角星类，那么待分类的红色矩形属于哪一类？

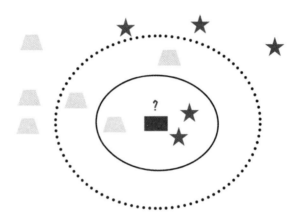

图 7.3 蓝色五角星、黄色梯形等图形样本分布图

解析：当 $k=3$ 时，此为 3 近邻分类算法，在红色矩形最邻近的 3 个图形样本中，有 2 个蓝色五角星和 1 个黄色梯形，按照 k 近邻算法"少数服从多数"的原则分类。我们知道红色矩形 3 个最邻近的图形样本大多属于蓝色五角星类，那就把待分类的红色矩形归为蓝色五角星类。

当 $k=5$ 时，此为 5 近邻分类算法，在红色矩形最邻近的 5 个图形样本中，有 3 个黄色梯形和 2 个蓝色五角星，按照 k 近邻算法"少数服从多数"的原则分类。我们知道红色矩形 5 个近邻图形样本大多属于黄色梯形类，那么就把待分类的红色矩形归为黄色梯形类。

在 k 近邻算法中，k 值的选择是整个算法的关键环节：如果 k 值过小，那么随着测试样本的增多，k 近邻算法的整体模型就会变得越来越复杂，也越来越难分类；如果 k 值过大，那么 k 近邻算法的整体模型就会变得越来越简单，从而导致分类错误。

2) k 近邻算法的步骤

k 近邻算法包含 5 个步骤，具体如下。

第 1 步 计算测试样本数据与各个训练样本数据之间的距离。

第 2 步 根据距离的大小从小到大进行排序。

第3步 选取距离最小的 k 个样本点。

第4步 确定前 k 个点所在类别的出现频率。

第5步 根据"少数服从多数"的原则，k 个最近邻样本点大多数属于哪一类，就把测试样本归到哪一类。

3) k 近邻距离度量

k 近邻距离是判断测试样本数据与某个训练样本数据是否邻近的依据：两个样本数据的距离越小，说明它们越邻近；反之，两个样本数据距离越大，说明它们越不邻近。常用的距离度量方法有欧式距离(Euclidean Distance)和曼哈顿距离(Manhattan Distance)。

设特征空间 χ 是 n 维实数向量空间 R^n，$X_i, Y_j \in \chi$，$X_i = (X_i^{(1)}, X_i^{(2)}, \cdots, X_i^{(n)})^{\mathrm{T}}$，$Y_j = (Y_j^{(1)}, Y_j^{(2)}, \cdots, Y_j^{(n)})^{\mathrm{T}}$，$X_i, Y_j$ 的距离 L_p 定义为

$$L_p(X_i, Y_j) = (\sum_{l=1}^{n} |X_i^{(l)} - Y_j^{(l)}|^p)^{\frac{1}{p}} \tag{7.1}$$

当 $p = 2$ 时，称为欧式距离，即

$$L_2(X_i, Y_j) = (\sum_{l=1}^{n} |X_i^{(l)} - Y_j^{(l)}|^2)^{\frac{1}{2}} \tag{7.2}$$

当 $p = 1$ 时，称为曼哈顿距离，即

$$L_1(X_i, Y_j) = \sum_{l=1}^{n} |X_i^{(l)} - Y_j^{(l)}| \tag{7.3}$$

7.2.2 决策树分类器

决策树(Decision Tree，DT)是根据树形结构特点进行决策的一种分类方法，就像人类面临决策问题时所采用的一种处理机制或决策思想。

每棵决策树由一个根节点(最顶端的节点)、若干个父节点、若干个子节点及若干个叶节点构成。如果每个父节点最多只有两个子节点，那么这棵决策树就是二叉决策树。二叉决策树具有如下特点。

(1) 每棵决策树有且只有一个根节点。

(2) 每层节点的上一层节点是这层节点的父节点。

(3) 每层节点的下一层节点是这层节点的子节点。

(4) 每棵决策树最底部的节点是叶节点，每个叶节点没有子节点。

(5) 每个父节点表示在某个属性上的测试(即每个属性的条件判断)，每个叶节点表示一种类别。

🎯 **例 7.2**：图 7.4 是一棵二叉决策树，试着分析该二叉决策树的特点。

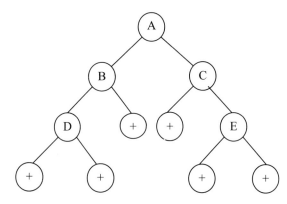

图 7.4　二叉决策树结构图

解析：从图 7.4 我们可知，

(1) 节点 A 是根节点；

(2) 节点 B 是 D、+节点的父节点，节点 C 是 E、+节点的父节点，节点 D 是左边+、+节点的父节点，节点 E 是右边+、+节点的父节点，这些父节点是某个属性的测试或某个情况的分类；

(3) 含有+的节点是叶节点，也是决策树的一个类别，即+类；

(4) 父节点 A 有 B、C 两个子节点，父节点 B 有 D、+两个子节点，父节点 C 有 E、+两个子节点，这棵决策树是二叉决策树。

🎯 **例 7.3**：现有一个相亲案例，有如下相亲规则，试着采用二叉决策树理论进行分析。

规则 1：家中有钱，人品好，我们就相见；

规则 2：家中有钱，有工作，相貌不错，我们就相见；

规则 3：其他情况，我们就不见。

解析：构建一棵好的决策树最关键的环节是根节点、父节点和叶节点的确定，从上述规则 1～3 中，可以把是否相亲分成两大类：相见和不见。因此，相见和不见就是这棵决策树的叶节点。

从上述规则 1～2 中我们可知，家中有钱至关重要，所以选择财富为决策树的根节点，然后分别选择人品和工作为父节点，根据规则 2 再选择相貌作为工作节点的子节点。最终构建的男女相亲决策树如图 7.5 所示。

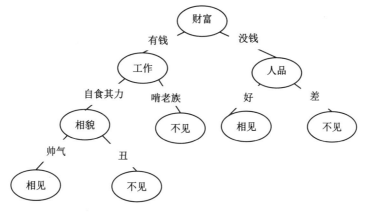

图 7.5　男女相亲二叉决策树图

🌐　**例 7.4**：如今，电子邮件已成为人与人进行信息交流的一种方便快捷的方式，但电子邮件中有很多是垃圾邮件，能准确识别垃圾邮件、普通邮件和重要邮件是一件刻不容缓的事情。现有一些不同类型的邮件，试采用如下规则构建一棵邮件分类二叉决策树。

　　规则 1：如果接收邮件的邮箱地址来自学校，那么我们把这个邮件归为须及时处理的邮件。

　　规则 2：如果接收邮件的邮箱地址来自其他公司，并且出现"订阅"关键字，那么我们可以认为这个邮件是垃圾邮件，否则就是普通邮件。

　　解析：

　　第1步　根据如上邮件分类规则，我们把这些邮件分成 3 类，分别为：(1)须及时处理的邮件；(2)普通邮件；(3)垃圾邮件。

　　第2步　根据规则 1，我们可以把是否来自校邮箱地址作为根节点，把是否包含"订阅"关键字作为父节点。最终构建的邮件分类决策树如图 7.6 所示。

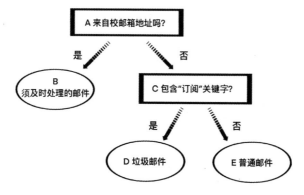

图 7.6　邮件分类二叉决策树图

例 **7.5**：现有某游戏用户活跃情况表(见表 7.1)，试采用二叉决策树方法对其进行分析。

表 7.1　某游戏用户活跃情况

统计人数	年龄	工资收入	是否为学生	性别	是否购买付费游戏装备
80	青年	高	不是	男	不买
80	青年	高	不是	女	不买
200	青年	中等	不是	男	不买
60	青年	低	是	男	买
60	青年	中等	是	女	买
100	中年	高	不是	男	买
40	中年	低	是	女	买
30	中年	中等	不是	女	买
30	中年	高	是	男	买
100	老年	中等	不是	男	买
80	老年	低	是	男	买
60	老年	低	是	女	不买
200	老年	中等	是	男	买
60	老年	中等	不是	女	不买

解析：

构造决策树的关键环节是根节点、父节点和叶节点的确定，通过表 7.1，我们可以把整棵决策树分为两类：购买游戏装备类和不购买游戏装备类，故可以把购买、不购买作为决策树的叶节点。构建决策树的详细步骤如下。

第 1 步　首先选择年龄特征作为根节点，把"购买"或"不购买"作为叶节点，接着按年龄特征"青年""中年""老年"来构造二叉决策树。

(1) 若年龄特征为"中年"，那么都会购买游戏装备。

(2) 若年龄特征为"青年"，如果工资收入"高"，就不会购买游戏装备；如果收入"低"，则会购买游戏装备。这时候我们就可以构造一个"工资收入"节点，若收入"中等"并且是学生，则会购买游戏装备，这时候在第三层构造一个"学生"判别节点。按"年龄—工资收入—学生"划分的二叉决策树如图 7.7 所示。

(3) 若年龄特征为"老年"并且性别为"男"，就会购买游戏装备，否则不购买。这时我们在年龄为"老年"的判别上设计一个"性别"节点。按"年龄—性别"划分的二叉决策树如图 7.8 所示。

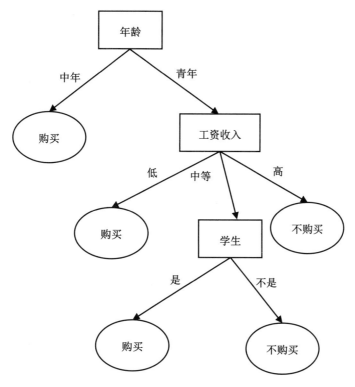

图 7.7 按 "年龄—工资收入—学生" 划分的二叉决策树图

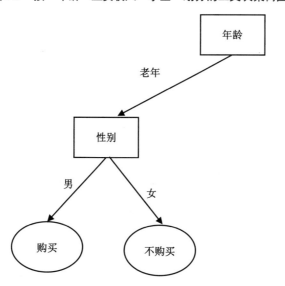

图 7.8 按 "年龄—性别" 划分的二叉决策树图

第2步 合并和优化第1步构造的二叉决策树，如图7.9所示。

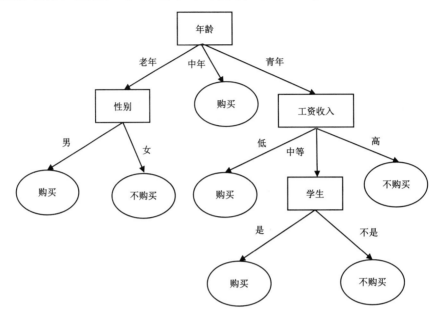

图 7.9　某游戏用户的二叉决策树图

第3步 根据第2步构造的二叉决策树标上相应人数，如图7.10所示。

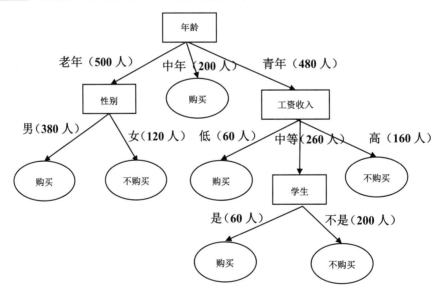

图 7.10　某游戏用户调查二叉决策树人数统计

7.2.3 支持向量机

支持向量机(Support Vector Machine,SVM)是一种二分类问题的分类方法,简单地说,就是寻找一条直线或一条曲线或一个平面或一个曲面,尽可能把两个不同类别的样本分隔开来,然后将测试数据实例映射到同一空间上,并根据它们落在这些分类线或分类面的哪一侧来预测所属哪一类。

详细地说,支持向量机是指在特征空间里按照间隔最大化原则[指特征空间里面距离分离线或分类面最近的点到这条线或面的间隔(距离)最大]用直线或曲线或某个平面或某个曲面将待训练的样本数据集分成两大类。

SVM 算法分类图示例如图 7.11 所示。

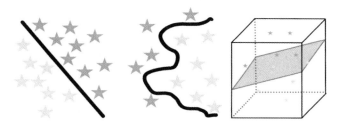

图 7.11 SVM 算法分类图示例

图 7.12 中平面有蓝色梯形类和黄色正六边形类,现有直线 A、直线 B 及直线 C 三条直线,如何选择合适的分类线或分类面来准确地把这两类分类?我们根据"找到分类线或分类面尽可能把两类样本分隔开"的原则,发现分类线 B 能很好地区分出蓝色梯形类和黄色六边形类。

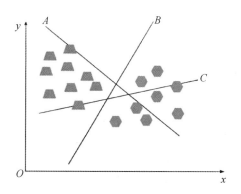

图 7.12 SVM 算法分类图

7.2.4 人工神经网络

1. 人工神经网络概述

人工神经网络(Artificial Neural Networks，ANN)简称神经网络或类神经网络，是一种模仿生物神经网络(动物的大脑中枢神经)的结构和功能的非线性数学模型或计算机模型，常用于对多类样本数据的分类识别，也是一种监督学习算法。

人工神经网络一般由大量节点(即神经元)组成，其主要由输入层、隐藏层和输出层构成，如图 7.13 所示。

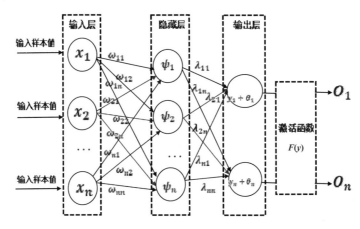

图 7.13　人工神经网络基本结构图

由图 7.13 可知，所有圆点都是神经网络的节点，每个节点代表一个神经元，输入层—隐藏层的权值为 $w_{11}, \cdots, w_{nn}$，隐藏层—输出层的权值为 $\lambda_{11}, \cdots, \lambda_{nn}$，偏差为 $\theta_1, \theta_2, \cdots, \theta_n$。为了提高训练模型评估的准确率，可以随时调整权值 w、λ 和偏差 θ，它们的取值范围为 $(-1,1)$。

隐藏层 $\psi_1, \cdots, \psi_n$ 的计算公式如下：

$$\psi_1 = \omega_{11} \cdot x_1 + \omega_{21} \cdot x_2 + \omega_{31} \cdot x_3 + \cdots + \omega_{n1} \cdot x_n, \cdots$$

$$\psi_i = \omega_{1i} \cdot x_1 + \omega_{2i} \cdot x_2 + \omega_{3i} \cdot x_3 + \cdots + \omega_{ni} \cdot x_n, \cdots$$

$$\psi_n = \omega_{1n} \cdot x_1 + \omega_{2n} \cdot x_2 + \omega_{3n} \cdot x_3 + \cdots + \omega_{nn} \cdot x_n, \cdots$$

输出层 $y_1, \cdots, y_n$ 的计算公式如下：

$$y_1 = \lambda_{11} \cdot \psi_1 + \lambda_{21} \cdot \psi_2 + \lambda_{31} \cdot \psi_3 + \cdots + \lambda_{n1} \cdot \psi_n + \theta_1, \cdots$$

$$y_i = \lambda_{1i} \cdot \psi_1 + \lambda_{2i} \cdot \psi_2 + \lambda_{3i} \cdot \psi_3 + \cdots + \lambda_{ni} \cdot \psi_n + \theta_i, \cdots$$

$$y_n = \lambda_{1n} \cdot \psi_1 + \lambda_{2n} \cdot \psi_2 + \lambda_{3n} \cdot \psi_3 + \cdots + \lambda_{nn} \cdot \psi_n + \theta_n, \cdots$$

其中，$\theta_1, \theta_2, \cdots, \theta_n$ 是可以随时可改变的偏差，以提高训练样本的准确度。

最后选择合适的激活函数 $F(y)$，$y_1, y_2, \cdots, y_n$ 分别为自变量，通过激活函数 $F(y)$ 求得相应的值分别为 $O_1, O_2, \cdots, O_n$，哪个值比较大就属于哪个类。

2. 人工神经网络的激活函数

人工神经网络的激活函数也称激活函数或激励函数，其作用是完成数据的非线性变换，解决线性模型表达、分类困难的问题，使神经网络可以更好地解决较为复杂的问题。

人工神经网络常用的激活函数有 Sigmoid 函数、Softmax 函数、Tanh 函数和 Relu 函数等。

1) Sigmoid 函数

Sigmoid 函数可以将输入的整个实数范围内的任意数据映射到[0,1]，当输入值过大时，就返回一个接近 1 的数值；当输入值过小时，则返回一个接近 0 的数值。在 TensorFlow 框架中，用 tf.sigmoid() 直接调用 Sigmoid 函数。

Sigmoid 函数的数学公式如式 7.4 所示，Sigmoid 函数图如图 7.14 所示。

$$f(x) = \frac{1}{1 + e^{-x}} \tag{7.4}$$

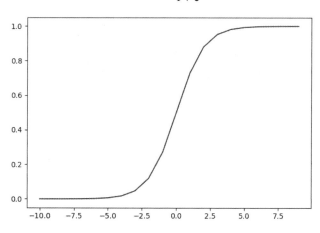

图 7.14　Sigmoid 激活函数曲线图

优点：数值输出在映射区间[0,1]内单调连续，非常适合用作输出层，并且容易求导。

缺点：Sigmoid 函数的数学公式中含有幂运算，计算机求解时相对比较耗时，对于规模比较大的深度网络，会增加训练时间。

例 7.6：采用神经网络算法对小狗图像进行分析和识别。

解析：最后输出不同结果 p1、p2、p3。输出结果 p1=0.01，属于 Cat 类；输出结果 p2=0.96，属于 Dog 类；输出结果 p3=0.02，属于 Monkey 类；输出结果 p4=0.01，属于 Elephant 类。最终判定这幅小狗图像为 Dog 类，如图 7.15 所示。

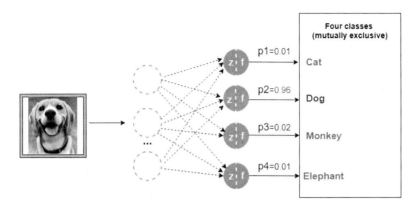

图 7.15 采用 Sigmoid 激活函数神经网络分类图

2) Softmax 函数

Softmax 函数在 Sigmoid 函数的基础上做了一些改变，它将所有输出数值映射成某个概率，即输出值范围为[0,1]，并且所有概率总和为 1。在 TensorFlow 框架中，可以用 tf.nn.softmax() 来调用 Softmax 函数。Softmax 激活函数曲线图如图 7.16 所示。

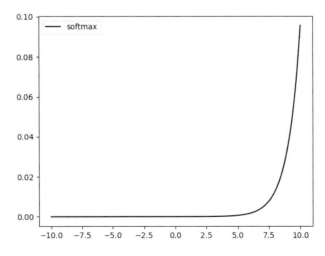

图 7.16 Softmax 激活函数曲线图

Softmax 函数的数学公式如式 7.5 所示。

$$f(x_i) = \frac{\mathrm{e}^{x_i}}{\sum_i \mathrm{e}^{x_i}} \tag{7.5}$$

假如输入变量为[1.5,4.4,2.0]，经过 Softmax 函数激活后，输出为[0.04802413, 0.87279755, 0.0791784]，分别对应属于 1、2、3 类的概率。在 TensorFlow 框架中，代码为：tf.nn.softmax(tf.constant([[1.5,4.4,2.0]]))。

3) Tanh 函数

Tanh 函数类似于 Sigmoid 函数，但它能将值映射到[-1,1]。与 Sigmoid 函数相比，它的输出均值是 0，使其收敛速度要比 Sigmoid 函数快，迭代次数减少，但幂运算的问题依然存在。

Tanh 函数的数学公式如式 7.6 所示，Tanh 激活函数曲线图如图 7.17 所示。

$$f(x) = \tanh(x) = \frac{\mathrm{e}^x - \mathrm{e}^{-x}}{\mathrm{e}^x + \mathrm{e}^{-x}} = \frac{2}{1 + \mathrm{e}^{-2x}} - 1 \tag{7.6}$$

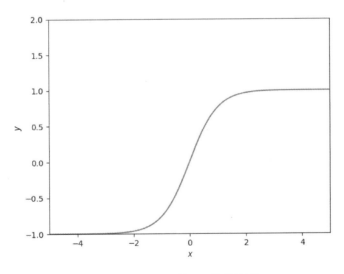

图 7.17　Tanh 激活函数曲线图

4) Relu 函数

Relu 函数是使用最为频繁的激活函数。在 Relu 函数中，当 $x<0$ 时，输出始终为 0。当 $x>0$ 时，Relu 函数的导数为 1，即保持输出为 x。因此，Relu 函数能够在 $x>0$ 时保持梯度不断衰减，从而缓解梯度消失的问题，还能加快收敛速度。

Relu 函数的数学公式如式 7.7 所示，Relu 激活函数曲线图如图 7.18 所示。

$$f(x) = \begin{cases} x, & x \geqslant 0 \\ 0, & x < 0 \end{cases} = \max(0, x) \tag{7.7}$$

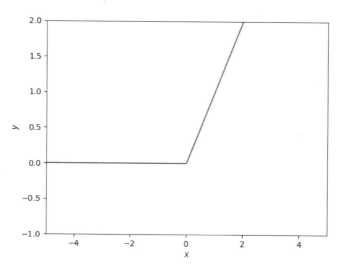

图 7.18　Relu 激活函数曲线图

在神经网络中，隐藏层之间的输出大多需要通过激活函数来映射，在构建模型时，需要根据实际数据情况选择合适的激活函数。

TensorFlow 框架中的激活函数不止这四种，本文只是介绍如上常用的四种，当然，其他激活函数大多是这几个激活函数的扩展变换形式。

7.2.5　Adaboost 算法

Adaboost(Adaptive Boosting)算法是一种将多个弱分类器组合成强分类器的算法。在每次迭代训练分类模型时，前一个弱分类器分错的样本的权值会得到加强，权值更新后的训练样本再次被用来训练下一个新的弱分类器，经过反复训练，直到达到预定的较小错误率或达到指定的最大迭代次数，从而产生强分类器的算法。

Adaboost 算法包括初始化训练样本数据的权值表、训练弱分类器、迭代完成组合弱分类器等步骤，具体介绍如下。

(1) 初始化训样本数据的权值表。

如果有 N 个训练样本，则每一个训练的样本数据权值就赋为 $1/N$，这样训练样本集的初始权值分布 D_1 为

$$D_1 = (w_{11}, w_{12}, \cdots, w_{1i}, \cdots, w_{1N}), \quad w_{1i} = \frac{1}{N}, \quad i = 1, 2, \cdots, N \tag{7.8}$$

其中，D_1 为第 1 次迭代的样本权值向量，w_{1N} 为第 1 次迭代第 N 个样本的权值，N 为训练样本个数。

(2) 训练弱分类器。

如果某个训练样本数据没有被准确分类，那么它的权值 w 会被增大，权值更新后的样本集被用于训练下一个分类器，整个训练过程就是如此迭代下去；如果某个训练样本数据能被准确分类，那么它的权值 w 会被减小。

① 使用具有权值分布 $G_m(m=1,2,3,\cdots,N)$ 的训练样本集进行学习，得到弱分类器。

$$G_m(x): X \to \{-1, +1\} \tag{7.9}$$

该公式表示第 m 次迭代产生的弱分类器，该样本 x 要么分类成-1，要么分类成 1。

如果分类器的误差函数 θ_m 最小，即分错类的样本对应的权值之和最小，那么这个分类器就是弱分类器。

$$\theta_m = \sum_{n=1}^{N} w_n^m I(y_m(x_n) \neq t_n) \tag{7.10}$$

② 计算弱分类器 $G_m(x)$ 的话语权 α_m，话语权表示 $G_m(x)$ 在最终分类器中的重要程度。其中，e_m 为式 7.10 中的 θ_m (误差函数的值)。

$$\alpha_m = \frac{1}{2} \log \frac{1 - e_m}{e_m} \tag{7.11}$$

其中，话语权随着误差函数值减小而增大，即误差率越小，话语权越大。

③ 更新训练样本数据的权值表，用于下一轮迭代。其中，被误分的样本的权值会增大，被正确分的样本的权值会减小。

$$D_{m+1} = (w_{m+1,1}, w_{m+1,2}, \cdots, w_{m+1,i}, \cdots, w_{m+1,N}) \tag{7.12}$$

$$Z_m = \sum_{n=1}^{N} w_{mi} \exp(-\alpha_m y_i G_m(x_i)), \quad i = 1, 2, \cdots, N \tag{7.13}$$

式中，D_{m+1} 是用于下次迭代时样本的权值；$w_{m+1,i} = \dfrac{w_{mi}}{Z_m} \exp(-\alpha_m y_i G_m(x_i))$，$i = 1, 2, \cdots, N$。其中，$w_{m+1,i}$ 是下一次迭代时第 i 个样本的权值；y_i 代表第 i 个样本对应的类别(1 或-1)；$G_m(x_i)$ 表示弱分类器对样本 x_i 的分类(1 或-1)，如果分对，$y_i G_m(x_i)$ 的值为 1，反之则为-1；Z_m 是归一化因子，使得所有样本对应的权值之和为 1。

(3) 迭代完成组合弱分类器。

$$f(x) = \sum_{m=1}^{M} \alpha_m G_m(x) \tag{7.14}$$

采用 sign 函数对式 7.13 求值，如果 $f(x)$ 数值大于 0，则 $\text{sign}(f(x))$ 返回 1；如果 $f(x)$ 数值小于 0，则 $\text{sign}(f(x))$ 返回-1；如果 $f(x)$ 数值等于 0，则 $\text{sign}(f(x))$ 返回 0。

$$G(x) = \text{sign}(f(x)) = \text{sign}\left(\sum_{m=1}^{M}\alpha_m G_m(x)\right) \tag{7.15}$$

$$E = \sum_{n=1}^{N}\exp\{-t_n f_m(x_n)\} \tag{7.16}$$

$$f_m(x) = \frac{1}{2}\sum_{l=1}^{m}\alpha_l y_l(x) \tag{7.17}$$

然后假设前 $m-1$ 个相关的参数已经确定。通过化简 E 这个式子，我们可以得到：

$$\begin{aligned}
E &= \sum_{n=1}^{N}\exp\left\{-t_n f_{m-1}(x_n) - \frac{1}{2}t_n\alpha_m y_m(x_n)\right\} \\
&= \sum_{n=1}^{N}w_n^{(m)}\exp\left\{-\frac{1}{2}t_n\alpha_m y_m(x_n)\right\}
\end{aligned} \tag{7.18}$$

其中，t_n 是分类正确的样本权值，$w_n^{(m)}$ 是一个常量。

$$w_n^{(m)} = \sum_{n=1}^{N}\exp\{-t_n f_m(x_n)\}$$

然后，

$$\begin{aligned}
E &= e^{\left(-\alpha_m/2\right)}\sum_{n\in T_m}w_n^{(m)} + e^{\left(\alpha_m/2\right)}\sum_{n\in M_m}w_n^{(m)} \\
&= \left(e^{\left(\alpha_m/2\right)} - e^{\left(\alpha_m/2\right)}\right)\sum_{n=1}^{N}w_n^{(m)}I(y_m(x_n)\neq t_n) + e^{\left(-\alpha_m/2\right)}\sum_{n=1}^{N}w_n^{(m)}
\end{aligned} \tag{7.19}$$

其中，求 E 的 T_m 是分类正确的样本的权值，M_m 是分类错误的样本的权值。

$$\sum_{n=1}^{N}w_n^{(m)}I(y_m(x_n)\neq t_n) \tag{7.20}$$

得到了弱分类器 y_m 后，我们可以进一步推导出 α_m 和样本的权值。

7.3 案例——使用 SVM 算法进行乳腺肿瘤识别

随着人们生活水平的提高和健康意识的增强，定期体检已成为大家每年进行的一项必要检查。通过机器学习算法进行乳腺肿瘤数据分析和识别，可以为有效治疗赢取最佳的治疗时间，为身体健康多争取一分保障。

鉴于乳腺肿瘤细胞有良性肿瘤和恶性肿瘤细胞之分，而 SVM 算法最擅长两类事物的分类，因此，我们采用 SVM 算法对女性采集到的活检乳腺肿瘤数据进行分类，分析哪些为良性肿瘤，哪些为恶性肿瘤。

7.3.1 乳腺肿瘤细胞样本数据集简介

我们采用的数据集是由美国威斯康星大学分享的乳腺肿瘤细胞样本数据集，该数据集
是乳腺肿块活检图像的细胞核多项测量数值，如表 7.2 所示。

表 7.2 威斯康星大学提供的部分乳腺肿瘤细胞样本数据集

ID	Diagnosis	radius_mean	texture_mean	perimeter_mean	area_mean	smoothness_mean	compactness_mean	concavity_mean	concave points_mean
ID 标识	M/B(M:恶性，B:良性)	半径(点中心到边缘的距离)平均值	纹理(灰度值的标准差)平均值	周长平均值	面积平均值	平滑程度(半径内的局部变化)平均值	紧密度(=周长*周长/面积-1.0)平均值	凹度(轮廓凹部的严重程度)平均值	凹缝(轮廓的凹部分)平均值
842302	M	17.99	10.38	122.8	1001	0.1184	0.2776	0.3001	0.1471
842517	M	20.57	17.77	132.9	1326	0.08474	0.07864	0.0869	0.07017
84300903	M	19.69	21.25	130	1203	0.1096	0.1599	0.1974	0.1279
84348301	M	11.42	20.38	77.58	386.1	0.1425	0.2839	0.2414	0.1052
84358402	M	20.29	14.34	135.1	1297	0.1003	0.1328	0.198	0.1043
843786	M	12.45	15.7	82.57	477.1	0.1278	0.17	0.1578	0.08089
844359	M	18.25	19.98	119.6	1040	0.09463	0.109	0.1127	0.074
84458202	M	13.71	20.83	90.2	577.9	0.1189	0.1645	0.09366	0.05985
844981	M	13	21.82	87.5	519.8	0.1273	0.1932	0.1859	0.09353
84501001	M	12.46	24.04	83.97	475.9	0.1186	0.2396	0.2273	0.08543
845636	M	16.02	23.24	102.7	797.8	0.08206	0.06669	0.03299	0.03323
84610002	M	15.78	17.89	103.6	781	0.0971	0.1292	0.09954	0.06606
846226	M	19.17	24.8	132.4	1123	0.0974	0.2458	0.2065	0.1118
846381	M	15.85	23.95	103.7	782.7	0.08401	0.1002	0.09938	0.05364
84667401	M	13.73	22.61	93.6	578.3	0.1131	0.2293	0.2128	0.08025
84799002	M	14.54	27.54	96.73	658.8	0.1139	0.1595	0.1639	0.07364
848406	M	14.68	20.13	94.74	684.5	0.09867	0.072	0.07395	0.05259
84862001	M	16.13	20.68	108.1	798.8	0.117	0.2022	0.1722	0.1028

该数据集共有 569 个样本，即包括 569 例乳腺细胞活检病例，每个样本有 31 个特征数据值。其中，数据列 Diagnosis 为诊断结果列，取值分别为 M(恶性)或 B(良性)；其余 30 个特征数据值由细胞核的 10 个不同特征的平均值、标准差、最差值构成，这些特征属性如下：

(1) 肿瘤细胞核半径(radius)平均值、标准差、最差值；

(2) 肿瘤细胞核质地(texture)平均值、标准差、最差值；

(3) 肿瘤细胞核周长(perimeter)平均值、标准差、最差值；

(4) 肿瘤细胞核面积(area)平均值、标准差、最差值；

(5) 肿瘤细胞核光滑度(smoothness)平均值、标准差、最差值；

(6) 肿瘤细胞核致密度(compactness)平均值、标准差、最差值；

(7) 肿瘤细胞核凹度(concavity)平均值、标准差、最差值；

(8) 肿瘤细胞核凹点(concave points)平均值、标准差、最差值；

(9) 肿瘤细胞核对称性(symmetry)平均值、标准差、最差值；

(10) 肿瘤细胞核分形维度(fractal dimension)平均值、标准差、最差值。

7.3.2　SVM 算法诊断乳腺肿瘤详细过程

我们采用美国威斯康星大学提供的乳腺肿瘤细胞样本数据集，通过 SVM 算法识别乳腺癌的流程如图 7.19 所示。

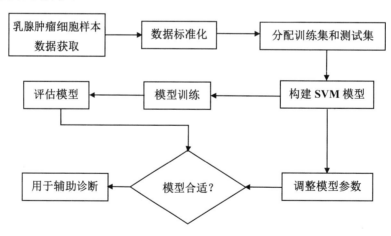

图 7.19　采用 SVM 算法进行乳腺癌诊断流程图

我们把乳腺肿瘤细胞数据集按 8∶2 分成两部分：一部分是训练数据集，占所有样本集的 80%，用来训练样本数据并生成一个分类模型；另一部分是测试数据集，占所有样本集的 20%，用来评估或验证训练模型的性能和准确性。用 SVM 算法进行乳腺癌诊断包括三步，具体步骤如下。

第1步 在已安装的机器学习库 sklearn 上，通过 load_breast_cancer()函数载入威斯康星州乳腺癌数据集，并进行训练样本和测试样本划分。

下述代码使用 train_test_split 函数将数据集随机划分为训练集和测试集。x 是特征数据，y 是目标变量。test_size 参数指定测试集的比例(例如，0.2 表示将 20%的数据划分为测试集)，random_state 参数用于设定随机种子，以保证划分结果的可复现性。

参考代码 7.1：导入乳腺肿瘤细胞样本数据集，实现训练数据集和测试数据集划分。

```
01.    import numpy as Np
02.    import pandas as Pd
03.    from sklearn import datasets
04.    import sklearn.model_selection as Ms
05.    # 加载威斯康星州乳腺肿瘤细胞样本数据集
06.    cancer_data = datasets.load_breast_cancer()
07.    #   x 为 30 个特征数据
08.    x=cancer_data.data
09.    #   y 为目标变量
10.    y=cancer_data.target
11.    x_train,x_test,y_train,
12.    y_test=Ms.train_test_split(x,y,test_size=0.2,random_state=42)
13.    y_train= (y_train).ravel()
```

第2步 构建和训练模型。

参考代码 7.2：对乳腺肿瘤细胞样本数据集进行训练。

```
01.    # 用训练集训练 SVM 模型
02.    # 导入 SVM 算法扩展库，取名为 Svm
03.    import sklearn.svm as Svm
04.    # 利用核函数 rbf 构建模型
05.    model= Svm.SVC(C=1,kernel='rbf')
06.    # 利用训练样本对模型进行训练
07.    model.fit(x_train,y_train)
08.    # 输出训练的准确率
09.    print(model.score(x_train,y_train))
```

第3步 用测试样本测试 SVM 模型。

参考代码 7.3：对模型进行测试。

```
01.    # 导入评估模块 metrics
02.    import sklearn.metrics as Sm
03.    # 利用模型对测试样本进行预测，得到预测值 y_pred
04.    y_pred = model.predict(x_test)
05.    # 将实际标签值 y_test 与预测值 y_pred 进行对比分析
06.    print(Sm.classification_report(y_test,y_pred))
```

采用 SVM 算法进行乳腺癌诊断的结果如图 7.20 所示。

	precision	recall	f1-score	support
0	1.00	0.86	0.92	43
1	0.92	1.00	0.96	71
accuracy			0.95	114
macro avg	0.96	0.93	0.94	114
weighted avg	0.95	0.95	0.95	114

图 7.20 采用 SVM 算法进行乳腺癌诊断的结果

习题

1. 什么是分类？什么是分类器？
2. 试着阐述分类器的工作原理。
3. 试着阐述 k 近邻算法的工作原理。
4. 试着阐述决策树算法和神经网络的工作原理。
5. 运用二叉决策树理论，根据酒店、美食、费用等问题对旅游路线进行规划。

第8章

机器学习——物以类聚，人以群分

8.1 聚类方法

俗话说："物以类聚，人以群分。"也就是说，相同特征的物体常被归为一类，志同道合的人常聚在一起。

在计算机领域中，聚类是一种典型的无监督学习算法，是在事先不知道每个样本的类别，也没对这些样本进行分类的情况下，将未知类别的样本按照一定的规则划分为若干类。与线性回归方法相比，聚类方法不依赖训练样本和训练模型，有如下特点：

(1) 同一个类中的样本尽可能相同或尽可能相似。

(2) 不同类的样本尽可能不相似或尽可能不相同。

聚类方法常应用在医疗、网络安全等领域中。例如，在医疗领域中，医生根据疾病图像特征来挖掘某一疾病的临床特征，从而辅助医生进行临床诊断、疾病治疗、康复检查；又如，在网络安全上，网络安全员根据病毒的破坏性质或危害特征，挖掘出不同级别的网络威胁。

在实际应用中，常见的聚类方法有 k 均值、数据降维等算法。

8.2 k 均值算法

k 均值算法(k-means)是一种较为简单常见的基于距离划分的聚类方法，它将样本数据划分为互斥的类簇，每一个样本数据只属于一个类簇，即根据"距离最近"的原则，把与某类簇的质心(簇中所有数据的平均值)的距离最近的样本归为某一类簇。

k 均值算法一般采用样本间的欧式距离来衡量它们之间的相似度，两个样本距离越近，相似度越高，否则，相似度越低。k 均值算法样本间的欧式距离计算公式如式 8.1 所示。

$$L_2(X_i, Y_j) = \left(\sum_{l=1}^{n} \left| X_i^{(l)} - Y_j^{(l)} \right|^2 \right)^{\frac{1}{2}} \tag{8.1}$$

其中，$X_i = (X_i^{(1)}, X_i^{(2)}, \cdots, X_i^{(n)})^{\mathrm{T}}$，$Y_j = (Y_j^{(1)}, Y_j^{(2)}, \cdots, Y_j^{(n)})^{\mathrm{T}}$，$L_2(X_i, Y_j)$ 为计算向量 X_i 和向量 Y_j 的欧式距离。

k 均值算法的执行过程如下。

第1步 确定聚类数：即把所有样本分成 k 个类，随机选取 k 个样本数据点分别作为 k 个类簇的聚类中心。

第2步 距离计算：计算每个样本数据与各聚类中心之间的距离。

第 3 步　样本归类：在样本数据与所有类簇聚类中心的距离中，如果某个样本数据与某个类簇的聚类中心距离最小，那么就把这个样本数据归到这个类簇中。

第 4 步　重新确定聚类中心：经历第 3 步后，有些类簇中新增了一些样本，那么就把这个类簇中所有样本的平均值作为这个类簇的新的聚类中心。

第 5 步　距离再计算：计算每个样本数据与各类簇的新聚类中心之间的距离。

第 6 步　样本再归类：在样本数据与所有类簇聚类中心的距离中，如果某个样本数据与某个类簇的聚类中心距离最小，那么就把这个样本数据归到这个类簇中。

第 7 步　重复执行第 4 步到第 6 步的操作，直到所有样本到各自的聚类中心的距离最短为止。

例 8.1：现有 9 个样本点 A～I，它们的坐标分别为：$A(1,2)$、$B(1.5,1)$、$C(3,2)$、$D(3,7)$、$E(5,5)$、$F(6,6)$、$G(7,4)$、$H(8,2)$、$I(9,3)$，各个点分布情况如图 8.1 所示。试着采用 k 均值算法对它们进行聚类分析。

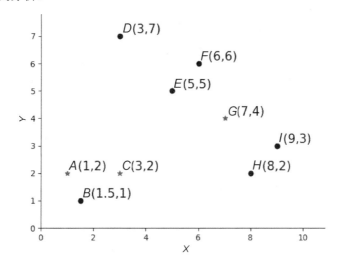

图 8.1　9 个样本数据初始分布图

解析：根据 k 均值算法对以下 9 个样本点进行聚类分析，详细步骤如下所示。

第 1 步　确定分类数和聚类中心：本例以 $k = 3$ 类进行聚类，即把所有样本点分成三类，分别为Ⅰ类、Ⅱ类及Ⅲ类，随机选择图 A、C、G 点分别作为Ⅰ类、Ⅱ类、Ⅲ类的聚类中心，并把这三类的聚类中心标记为 X、Y、Z。随着每次聚类，聚类中心 X、Y、Z 也会随之发生变化。

第 2 步　计算其他样本点到各聚类中心 X、Y、Z 的距离，此时，X 即 A，Y 即 C，Z 即

G。为了便于计算，我们采用曼哈顿距离计算样本点之间的距离，详细情况如表 8.1 所示。

表 8.1　各样本点到 Ⅰ 类、Ⅱ 类及 Ⅲ 类聚类中心的距离

序　号	各个样本点坐标	各点与 X 的距离	各点与 Y 的距离	各点与 Z 的距离	备　注
1	$A(1, 2)$	0	2	8	A、B 到 X 的距离最短
2	$B(1.5, 1)$	1.5	2.5	8.5	
3	$C(3, 2)$	2	0	6	C、D 到 Y 的距离最短
4	$D(3, 7)$	7	5	7	
5	$E(5, 5)$	7	5	3	E、F、G、H、I 到 Z 的距离最短
6	$F(6, 6)$	9	7	3	
7	$G(7, 4)$	8	6	0	
8	$H(8, 2)$	7	5	3	
9	$I(9, 3)$	9	7	3	

其中，样本点 A 到样本点 B 的曼哈顿距离 $= |x_1 - x_2| + |y_1 - y_2| = |1-1.5| + |2-1| = 1.5$；表 8.1 中每一行的 3 个数值表示某个点到聚类中心 X、Y、Z 的距离值，最小的值表示这个点将聚到对应的类里。例如，在表 8.1 的序号为 5 的一行数据中，有 3 个距离值为 7、5、3，3 是 3 个距离中最小的数据，即 $E(5,5)$ 距离 Ⅲ 类聚类中心 $Z(7,4)$ 的距离最小，就把 E 聚到 Ⅲ 类。

在其他样本点 B、D、E、F、H、I 中，样本点 B 距离 Ⅰ 类聚类中心 X 最近，那么就把 B 点聚类到 Ⅰ 类；最上面的样本点 D 距离 Ⅱ 类的聚类中心 Y 最近，那么就把 D 点聚类到 Ⅱ 类；右边四个样本 E、F、I、H 点距离 Ⅲ 类聚类中心 Z 最近，那么就把 E、F、I、H 点归到 Ⅲ 类中，详细情况如图 8.2 所示。

第3步　重新计算聚类中心：样本点 B 已归到 Ⅰ 类中，因而 Ⅰ 类就有两个样本点，Ⅰ 类聚类中心也随之发生变化，即这两个样本点的中点(两个点坐标的平均值)就变成 Ⅰ 类的聚类中心，为 $X(1.25, 1.5)$。同理，Ⅱ 类聚类中心和 Ⅲ 类聚类中心都发生了变化，Ⅱ 类聚类中心变为 $Y(3, 4.5)$，Ⅲ 类聚类中心变为 $Z(7,4)$，详细情况如图 8.3 所示。

第4步　循环执行第 2～3 步的操作，直到每个样本点到各自的聚类中心 X、Y、Z 的距离最短为止。

最终聚类情况如下：样本点 A、B、C 聚在 Ⅰ 类中，Ⅰ 类的聚类中心 X 变为 $(1.8, 1.7)$；样本点 D、E、F 聚在 Ⅱ 类中，Ⅱ 类的聚类中心 Y 变为 $(4.7, 6)$；样本点 G、H、I 聚在 Ⅲ 类中，

Ⅲ类的聚类中心 Z 变为(8, 3)，各样本点到聚类中心 X、Y、Z 的距离如表 8.2 所示，最终形成的聚类效果图如图 8.4 所示。

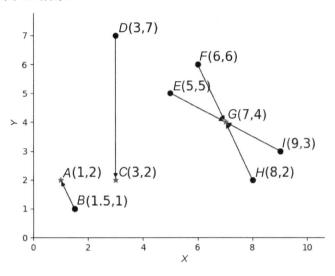

图 8.2　各样本点与聚类中心距离直线图

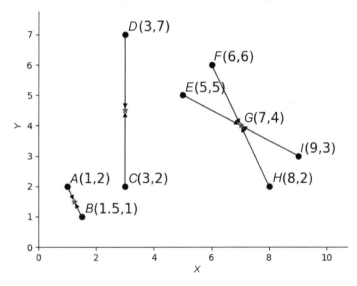

图 8.3　k 均值算法重新确定聚类中心 X、Y、Z 图

表8.2 各样本点到 A 类、C 类及 G 类聚类中心的距离

各个样本点	各点与 X 的距离	各点与 Y 的距离	各点与 Z 的距离	备 注
$A(1, 2)$	1.1	7.7	8	
$B(1.5,1)$	1	8.2	8.5	A、B、C 到 X 的距离最短
$C(3, 2)$	1.5	5.7	6	
$D(3, 7)$	6.5	2.7	9	
$E(5, 5)$	6.5	1.3	5	D、E、F 到 Y 的距离最短
$F(6, 6)$	8.5	1.3	5	
$G(7, 4)$	7.5	4.3	2	
$H(8, 2)$	6.5	7.3	1	G、H、I 到 Z 的距离最短
$I(9, 3)$	8.5	7.3	1	

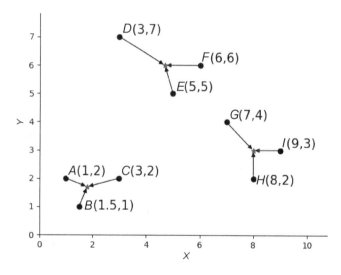

图 8.4 k 均值算法对 9 个样本点聚类的最终聚类图

8.3 数据降维算法

数据降维(Dimensionality Reduction)算法就是尽可能在遵守数据原有结构和数据间的原有关系的原则下，用少数新的向量代替原有数目庞大的向量，把重复的信息合并起来，既可以降低现有变量的维度，又不会丢失重要的数据。

例如，在某小区人脸门禁系统中，为了准确识别小区业主身份，我们可以对采集到的高维人脸图像进行人脸五官轮廓特征及其相对距离(左眼与右眼距离、眼睛与鼻子距离、嘴巴与鼻子距离等)的提取，通过这些轮廓特征和距离特征来代替高维人脸数据。因此，每次进行人脸识别的时候，就无须用庞大的人脸数据进行识别，将这些特征与业主人脸库信息进行比对就可以达到人脸身份识别的目的。

8.4   案例1——采用数据降维算法评价学生成绩

现有某班级的学生成绩信息统计如表8.3所示。班级中有12名学生，表中含有每名学生数学、物理、化学、语文、历史、英语的成绩，以及总分和每科平均分等信息，试采用一定的方法评价学生的学习情况。

表8.3   学生成绩信息统计

学 号	数学	物理	化学	语文	历史	英语	总分
1001	85	90	90	81	70	80	496
1002	60	82	75	95	62	65	439
1003	65	70	61	81	88	75	440
1004	80	80	82	90	88	70	490
1005	80	70	85	96	72	69	472
1006	62	95	90	81	70	92	490
1007	70	80	65	70	80	70	435
1008	83	92	41	95	95	84	490
1009	65	78	90	70	96	80	479
1010	80	95	75	75	61	85	471
1011	70	95	90	83	80	80	498
1012	67	82	60	90	65	90	454
平均分	72.2	84.1	75 .3	83.9	77.2	78.3	

一般情况下，我们通过计算6门课程总分的方法可以有效地评价每名学生的学习情况，总分越高，学习越好；总分越低，则学习越差。在表8.3中，学号为1011的学生成绩总分为498分，总分最高，学习不错；学号为1007的学生成绩总分为435分，总分最低，各科成绩都不太理想。

但是，如何有效地评价总分一样的学生学习情况呢？比如，表 8.3 中学号为 1004、1006 及 1008 的学生总分皆为 490 分，那么用什么方法评价一下这 3 名同学的学习情况呢？

为了准确有效地评价 3 名总分皆为 490 分的学生的学习情况，我们可以引入方差方法进行评价，即通过计算每名学生各科成绩与对应课程平均值的差的平方和来衡量他们的学习情况，方差的大小可以反映学生成绩的波动情况：方差越大，成绩偏离平均分的程度越大；反之，方差越小，成绩偏离平均分的程度越小。

因此，我们可以使用一个二维向量(方差、总分)来代替原来的七维向量(即数学、物理、化学、语文、历史、英语成绩及总分)来衡量学生的学习情况。

$$D(x) = \sum_{i=1}^{n} (x_i - E_i)^2 / n \tag{8.2}$$

在式 8.2 中，$D(x)$ 表示方差；E_i 为期望值，即平均值；x_i 为各个特征向量，即各科成绩；n 为特征数，即科目数 6。

在本例中，我们计算每名学生的成绩方差，其中，每名学生的 6 科成绩向量为 $(x_1, x_2, x_3, x_4, x_5, x_6)$，这 3 名学生的成绩向量见表 8.4 的第 2~4 行数据，第 5 行数据为这 6 科成绩的平均值 E_i (72.2, 84.1, 75.3, 83.9, 77.2, 78.3)。

表 8.4　3 名学生的成绩向量 x 和期望值 E_i

	x_1	x_2	x_3	x_4	x_5	x_6
1004	80	80	82	90	88	70
1006	62	95	90	81	70	92
1008	83	92	41	95	95	84
平均值 E_i	72.2	84.1	75.3	83.9	77.2	78.3

参考代码 8.1：对总分皆为 490 分的学生成绩进行方差求解。

```
01.   # 引入数组库，取名为 Np
02.   import numpy as Np
03.   # 引入数学函数库 math，取名为 Mt
04.   import math as Mt
05.   # 定义一个变量 sum，赋初值 0，用于存放方差值
06.   sum=0
07.   # 定义一个 12 行 6 列的二维数组，并赋予 12 名学生 6 门课的成绩
08.   Grade = Np.array([[85,90,90,81,70,80],[60,82,75,95,62,65],
09.   [65,70,61,81,88,75],[80,80,82,90,88,70],[80,70,85,96,72,69],
```

```
10.   [62,95,90,81,70,92],[70,80,65,70,80,70],[83,92,41,95,95,84],
      [65,78,90,70,96,80],[80,95,75,75,61,85],
      [70,95,90,83,80,80],[67,82,60,90,65,90] ])
11.   # 求得每名学生所有课程的总分
12.   TotalGrade=Np.sum(Grade,axis=1)
13.   # 定义一个 3 行 6 列的二维数组，并为其赋总分皆为 490 分的 3 名学生各科成绩
14.   SameTotalGrade=Np.array([[80,80,82,90,88,70],[62,95,90,81,70,92],
      [83,92,41,95,95,84]])
15.   # 调用 average()函数求得学生各科的成绩，axis=0 表示求每列的平均分
16.   CourseAverage=Np.average(Grade, axis=0)
17.   # 定义一个 3 行 3 列的数组，第 1 列存放学号，第 2 列存放总分，第 3 列存放方差
18.   StudentInfo = Np.array([['1004',1,1],['1006',0,0],['1008',0,0]])
19.   StudentInfo[0,1]=TotalGrade[3]
20.   StudentInfo[1,1]=TotalGrade[5]
21.   StudentInfo[2,1]=TotalGrade[7]
22.   # 定义一个求方差的函数，参数 data 为输入的成绩，exp 为输入的平均分，n 为向量个数
23.   def  DataVar(data,exp,n):
24.       sum = 0
25.       for i in range(0,6):
26.           sum += Mt.pow((data[i]-exp[i]),2)
27.       return (sum/n)
28.   # 分别调用函数 DataVar()求得 3 名学生的方差，并存放在 StudentInfo 数组的第 3 列
29.   StudentInfo[0,2]=DataVar(SameTotalGrade[0,:],CourseAverage,6)
30.   StudentInfo[1,2]=DataVar(SameTotalGrade[1,:],CourseAverage,6)
31.   StudentInfo[2,2]=DataVar(SameTotalGrade[2,:],CourseAverage,6)
32.   # 输出 StudentInfo 信息
33.   print(StudentInfo)
```

　　根据式 8.2，采用 Python 代码计算学生成绩方差，具体信息如图 8.5 所示。

　　通过表 8.4 和图 8.5 的分析比较，我们发现在总分相同的情况下，学生 1004 的成绩方差为 59.1，方差最小，说明该学生各科成绩与平均分偏离程度较小，成绩比较稳定，不偏科；学生 1006 的成绩方差为 109，方差适中，成绩也较为稳定，个别科目成绩偏离平均分(过高或过低)，比如化学；学生 1008 的成绩方差为 290，方差最大，说明该学生与平均分偏离程度较大，有多门课程(如化学、数学)偏科比较严重，需要对某个科目进行针对性的强化学习。

```
问题   输出   终端   调试控制台
[Running] python -u "d:\Grade.py"
[['1004' '490' '59.1']
 ['1006' '490' '109.']
 ['1008' '490' '290.']]

[Done] exited with code=0 in 0.265 seconds
```

图 8.5   学号为 1004、1006、1008 学生的总分、方差信息

8.5   案例 2——采用 k 均值算法分类鸢尾花

鸢尾花是一种多年生草本植物，有块茎或匍匐状根茎。鸢尾花大而美丽，如鸢似蝶，叶片青翠碧绿，观赏价值很高。它大约有 4 个特征，具体为：(1)叶呈剑形，嵌叠状；(2)花色鲜艳美丽，辐射对称；(3)单生，花排列呈穗状；(4)花瓣是组成花冠的片状体，位于花萼的内面。现有三种不同的鸢尾花，如图 8.6 所示。

(a) 山鸢尾   (b) 变色鸢尾   (c) 维吉尼亚鸢尾

图 8.6   三种不同的鸢尾花

1936 年，Sir Ronald Fisher 引入了经典多维鸢尾花数据集——Iris flower 数据集，该数据集有 151 条鸢尾花样本数据，该样本数据包括山鸢尾(Iris-setosa)、维吉尼亚鸢尾(Iris-virginica)、变色鸢尾(Iris-versicolor)三个样本，每条样本数据包括鸢尾花 4 个特征值和 1 个鸢尾花所属类别标签 label。其中，鸢尾花 4 个特征为花萼长度(sepal length)、花萼宽度(sepal width)、花瓣长度(petal length)、花瓣宽度(petal width)。鸢尾花样本数据保存在 iris.csv 文件中，详细情况如表 8.5 所示。

表8.5　151条鸢尾花样本数据记录

	sepal length/cm	sepal width/cm	petal length/cm	petal width/cm	类别(label)
0	5.1	3.5	1.4	0.2	1
1	4.9	3.0	1.4	0.2	1
2	4.7	3.2	1.3	0.2	1
3	4.6	3.1	1.5	0.2	1
…	…	…	…	…	…
147	6.3	2.5	5.0	1.9	2
148	6.5	3.0	5.2	2.0	0
149	6.2	3.4	5.4	2.3	0
150	5.9	3.0	5.1	1.8	2

采用k均值算法对鸢尾花样本数据进行聚类，详细步骤如下。

第1步　载入鸢尾花的样本数据文件 iris.csv，并把样本数据降到二维空间，然后绘制散点图。

参考代码8.2：实现鸢尾花数据载入并降维。

```
01.    from sklearn.manifold import  TSNE
02.    import numpy as Np
03.    import  pandas as Pd
04.    flower_data=Pd.read_csv('iris.csv',sep=',')
05.    Tsne =TSNE(n_components=2)
06.    X_2d =Tsne.fit_transform(flower_data)
07.    Plt.figure(figsize=(9,6))
08.    Plt.plot(X_2d[:,0],X_2d[:,1],'k*')
09.    Plt.show()
```

降维后的鸢尾花样本数据散点图如图8.7所示。

第2步　确定鸢尾花最佳类别数k值。

为了较好地将这些鸢尾花分成k个品种，我们可以将k值在2~6中变化，并从中选出一个最佳的k值。

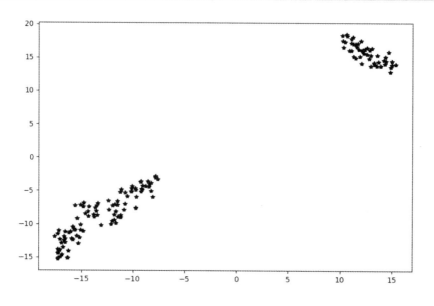

图 8.7 降至二维空间的数据分布图

参考代码 8.3：选出鸢尾花最佳类别数。

```
01.   # 确定聚类鸢尾花的品种类 k 值
02.   from sklearn.cluster import KMeans
03.   from sklearn.metrics import silhouette_score
04.   Sc=[]
05.   for i in range(2,9):
06.       KMeans
07.   =KMeans(n_clusters=i,random_state=151).fit(flower_data)
08.       Score=silhouette_score(flower_data,Kmeans.labels_)
09.       Sc.append(Score)
10.   Plt.plot(range(2,9),Sc)
11.   Plt.xlabel('K')
12.   Plt.ylabel('silhouette_score')
      Plt.show()
```

由图 8.8 可知，k 在 2、3、5、6 处的畸形变化程度最大，尤其是在 $k=3$ 处出现了明显的拐点，这个图和降维后分析的结果一致，从而说明 $k=3$ 时，聚类效果最佳。

第 3 步 绘制鸢尾花聚类后的结果散点图。

鸢尾花有 4 个特征数据，取所有鸢尾花的特征数据进行 k 均值算法训练。

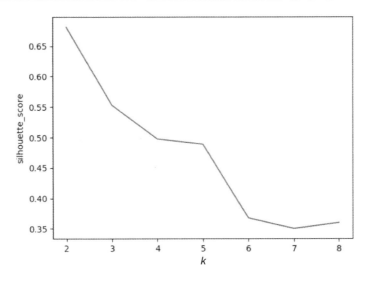

图 8.8　聚类数 k 与轮廓系数变化关系

参考代码 8.4：通过 k 均值对 151 个样本进行聚类。

```
01.   # 采用 k 均值算法对 151 个鸢尾花的样本进行聚类，最终聚成 3 类
02.   Kmeans3=KMeans(n_clusters=3,random_state=151).fit(flower_data)
03.   # 按序号显示出第 1～151 个样本点类别号
04.   print(Kmeans3.labels_)
```

通过 k 均值算法聚类后，按顺序得到如图 8.9 所示的 151 个鸢尾花样本数据的分类结果，其中，数字 0、1、2 号分别对应不同的鸢尾花类别。

图 8.9　$k = 3$ 聚类类别标签值

从图 8.9 中我们可以发现，聚类后样本分成三类，分别标记为 0 类、1 类、2 类，其中，类号为 0 的样本有 39 个，类号为 1 的样本有 50 个，类号为 2 的样本有 62 个。

习题

1. 什么是聚类？聚类和监督学习有什么区别与联系？

2. 试着阐述 k 均值算法的工作原理。

3. 试着阐述什么时候适合使用数据降维算法，降维的好处是什么？

4. 应用 k 均值理论，试着用例 8.1 的 $A \sim H$ 点，以 B、E 分别为两类聚类中心对剩余 7 点聚类。

第 9 章

机器学习——强化学习

9.1 强化学习概述

9.1.1 强化学习的定义

强化学习(Reinforcement Learning，RL)是一种基于环境反馈而进行学习的机器学习方法，它通过不断与环境进行交互、试错、改变决策等行为，最终完成特定目的或者使整体行动效益最大化。详细地说，强化学习就是训练目标对象如何在环境给予的奖励或惩罚的刺激下，逐步适应环境，根据环境进行决策，最终产生最大利益的习惯性行为。

与其他机器学习方法相比，强化学习不需要训练数据的类别标签信息，但是每一步行动都需要环境给予奖励或惩罚，这种奖惩可以量化，并且根据这种奖惩我们可以不断调整训练对象的行为，使其达到特定的目标。

强化学习的任务不是分类，也不是解决小区人脸识别门禁系统中如何识别陌生人身份和业主身份的问题，而是根据环境的反馈来采用何种行动可以完成特定的目的或者使收益最大化的问题。

9.1.2 强化学习的基本组成部分

一般情况下，强化学习由 Agent(智能体)、Environment(环境)、State(状态)、Action(行动)、Reward(反馈)等五部分构成，详细内容如下。

1) 智能体
强化学习训练的对象叫智能体。

2) 环境
训练智能体所使用的训练场景或训练背景叫环境。

3) 状态
即智能体采取某一行动时的环境和智能体所处的状态，这个状态包括环境参数和智能体的变化。

4) 行动
行动就是在当前状态下所采取的最佳决策。

5) 反馈
即智能体在当前状态下采取某一行动得到的环境反馈，这个环境反馈可以是奖励或惩罚。

强化学习算法应用范围广泛，主要应用在机器人避障、棋牌类游戏、广告推广、网上商城商品推荐等应用场景中。

例如，在马戏团驯猴中，猴子是训练对象，驯兽师敲锣，猴子站立敬礼。如果猴子完成站立敬礼的动作，就会获得一定的奖励；如果猴子没完成站立敬礼的动作，则会遭受鞭子抽打等惩罚。久而久之，猴子听到驯兽师的锣声，自然而然就站立敬礼，从而达到驯猴的目的。

又如，在 AlphaGo 下围棋时，AlphaGo 是训练对象，它走的每一步棋不存在对错之分，但是存在好坏之分。AlphaGo 下的每一步棋环境都会给予明确的反馈，比如反馈这步棋下的好还是坏，而且好坏可以量化，通过强化学习训练让棋子占领棋面上更多的区域，最后赢得比赛的胜利。

9.1.3　强化学习的特点

强化学习具有试错学习和延迟反馈等特点，具体介绍如下。

(1) 试错学习：强化学习就是训练对象不断地与环境交互、不断试错、不断调整自己的行动决策的循环过程。

(2) 延迟反馈：训练的"试错"行为会得到环境的反馈，但有时可能需要等到整个训练结束以后才会得到一个反馈。因此，当出现延迟反馈时，我们在训练的时候一般都要进行任务拆解，尽量将反馈分解到每一步。

9.1.4　强化学习的分类

1. 按环境理解分类

1) 无模型的强化学习

这种强化学习不理解环境，环境给什么就是什么，所做的决策直接作用于实际动作，想什么就做什么，不会在做之前进行预想和模拟。

2) 基于模型的强化学习

这种强化学习需要分析环境、理解环境，并学会用一个模型来代表环境，相当于在无模型的基础上，想象出一个虚拟环境，并在这个环境中进行训练。

2. 按某一标准分类

1) 基于概率的强化学习

这种强化学习需要分析所处的环境，也需要明白下一步要采取的各种动作的概率，然后根据概率采取行动。

2) 基于价值的强化学习

这种强化学习需要分析所处的环境，也需要明白输出所有动作的价值，然后选择价值最高的动作。

3. 按更新时间分类

1) 每个回合更新的强化学习

这种强化学习需要事后复盘，一个回合开始后，我们要等待本回合结束，再总结这一回合中的所有转折点，并更新行为准则。

2) 每一步更新的强化学习

这种强化学习需要边做边学。伴随着活动的进行，每一步都更新，不用等待一个回合结束，时刻更新行为准则。

4. 按学习方式分类

1) 在线学习的强化学习

这种强化学习需要本人在场亲自操作，并且一定是本人边尝试动作边学习，仅局限在自己当下的时间线上进行强化学习。

2) 离线学习的强化学习

这种离线学习就像游戏中的虚拟人一样，可以随时切换身份或者跑路重来；可以选择自己玩，也可以选择看着别人玩；可以在拥有其他身份的以往经验中学习；可以不必边做边学，而是把尝试的结果保存下来，等到想学的时候再进行学习。

9.1.5 强化学习的应用场景

强化学习算法可以应用在诸多场景中，具体如下。

(1) 游戏 AI 场景：在游戏娱乐中，利用强化学习算法训练游戏智能体，比如扑克、象棋、围棋、迷宫寻路等。

(2) 机器人控制场景：在机器人控制中，利用强化学习算法训练机器人执行各种任务，比如机器人导航、抓取物品、飞行等。

(3) 交通信号控制场景：在交通信号控制中，利用强化学习算法优化交通信号灯的控制策略，大大减少交通拥堵现象，提高道路通行效率。

(4) 能源管理场景：在能源管理中，利用强化学习算法优化能源消耗，例如，智能家居中的能源管理、数据中心的能耗优化等。

(5) 金融投资场景：在金融领域，利用强化学习算法优化金融投资决策，例如，股票投资组合的优化、期权定价等。

9.2　Q-learning 算法

强化学习应用广泛，主要有 Q-learning、SARSA、Policy Gradient、Actor-Critic 等算法。

Q-learning 算法是一种常用的强化学习算法，其原理是学习一个被称为 Q 值(Q-function) 的函数，用于估计在某个状态下采取某个决策后获得的总回报。Q 值可以表示为 $Q(s,a)$，其中，s 表示状态，a 表示行动。通过学习和更新这些 Q 值，智能体可以选择在给定状态下的最佳行动。

9.2.1　Q-table

Q-table 是一张表格，记录了各种状态下采取不同动作所获取的奖励或惩罚值。通过 Q-table 信息表我们可以知道智能体的每一步最佳动作是什么。

Q-table 的 a_i $(1 \leqslant i \leqslant n)$代表某一个动作，$s_i$ $(1 \leqslant i \leqslant n)$表示一个状态，则每个格子的值就是在 s 状态下采取 a 动作获得的最大期望值或回报值。

表 9.1　Q-learning 算法的 Q-table 表

	a_1	a_2	a_3	...
s_1	$Q(s_1,a_1)$	$Q(s_1,a_2)$	$Q(s_1,a_3)$	...
s_2	$Q(s_2,a_1)$	$Q(s_2,a_2)$	$Q(s_2,a_3)$	...
s_3	$Q(s_3,a_1)$	$Q(s_3,a_2)$	$Q(s_3,a_3)$	...
...	...	...	...	...

在熟悉环境之前，首先初始化 Q-table 表。在智能体与环境交互的过程中，算法利用贝尔曼方程(Bellman Equation)来计算 $Q(s,a)$ 值，每一轮结束后就生成一个新的 Q-table 表。智能体不断与环境进行交互，从而不断更新这个表格，使其最终能收敛。

Q-learning 算法的核心是贝尔曼方程，它描述了当前状态和行动的 Q 值与下一状态的 Q 值之间的关系。贝尔曼方程如式 9.1 所示。

$$Q(s,a) = r + \gamma * \max(Q(s',a')) \tag{9.1}$$

其中：

s——当前环境和智能体所处的状态；

a——当前状态下采取的行动；

r——在状态 s 下采取行动 a 获得的环境反馈，可以是奖励或惩罚；

γ——折扣因子，取值范围为[0,1]，用于平衡即时奖励和未来奖励；

s'——采取行动 a' 后进入的下一个状态；

$\max(Q(s',a'))$——在下一个状态 s' 下，对所有可能行动 a' 获得的 Q 值最大值。

9.2.2   Q-learning 算法的执行过程

Q-learning 算法大致由 6 步构成，具体过程如下。

第1步 初始化 Q 值表，将所有 Q 值初始化为 0。

第2步 根据当前状态 s，选择一个行动 a。这通常通过 ε-greedy 策略实现，即以 ε 的概率随机选择一个行动，再以 $1-\varepsilon$ 的概率选择具有最高 Q 值的行动。

第3步 执行行动 a，观察即时奖励 r 和下一个状态 s'。

第4步 使用贝尔曼方程更新 Q 值。

第5步 将状态更新为下一个状态：$s = s'$。

第6步 重复循环第 2~5 步，直到达到某个终止条件(达到最大迭代次数或达到目标状态)。

9.3   案例——采用 Q-learning 算法解决迷宫问题

现有一个简单的迷宫房子(见图 9.1)，迷宫里有编号为 0~4 的 5 个房间，迷宫外面的空间编号为 5，每个房间与其他房间或外面空间通过弧形门进出。请使用强化学习分析如何采取最佳策略成功走出迷宫，到达房间外面的空间 5。另外，从任何一个房间到达其他房间或空间 5 所获得的奖励(Reward)应遵守如下 4 个规则。

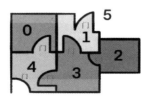

图 9.1   迷宫房子平面图

规则 1: 如果从迷宫内某一房间进入外面的空间5,可获得最高奖励100分;

规则 2: 如果从迷宫内一个房间进入另一个房间没有奖励,得0分;

规则 3: 如果从迷宫内一个房间进入同一个房间会受到惩罚,得-1分;

规则 4: 如果从迷宫内一个房间到一个不相通的房间(两个房间没有门),得-1分。

我们采用 Q-learning 算法找到一个最佳策略走出迷宫到达空间5,详细步骤如下。

第1步 根据如上4个规则,我们求得奖励矩阵 R,如表9.2所示。

表9.2 迷宫问题的 R 矩阵

状态 s	行动 a					
	进房间0	进房间1	进房间2	进房间3	进房间4	进空间5
房间 0	-1	-1	-1	-1	0	-1
房间 1	-1	-1	-1	0	-1	100
房间 2	-1	-1	-1	0	-1	-1
房间 3	-1	0	0	-1	0	-1
房间 4	0	-1	-1	0	-1	100
空间 5	-1	100	-1	-1	100	0

其中,R 矩阵中的数据表示从每个房间到各个空间(包含自己的房间)所获得的奖励,比如,第一行数据为-1,-1,-1,-1,0,-1,分别表示房间0到房间0、房间1、房间2、房间3、房间4及空间5所获得的奖励。其中,房间0与房间1、房间2、房间3、空间5皆不相通,所以房间0到达它们的奖励为-1分;房间0到房间0获得的奖励为-1分。

第2步 初始化 Q 矩阵。6行×6列的0矩阵 Q 如表9.3所示。

表9.3 用0初始化的 Q 矩阵(每个数字皆为0)

0	0	0	0	0	0
0	0	0	0	0	0
0	0	0	0	0	0
0	0	0	0	0	0
0	0	0	0	0	0
0	0	0	0	0	0

第3步 设置学习参数 $\gamma=0.9$,代入式 9.1,得到 Q 值计算公式:$Q(s,a) = R(s,a) + 0.9*\max(Q(s',a'))$,其中,$\max(Q(s',a'))$ 表示在接下来的状态 s' 下,对所有可能行动 a' 获得的 Q 值最大值。

第4步 当选择状态为房间 1 时，房间 1 到达空间 5 的奖励最大为 100 分，其他奖励皆小于 100 分，这时选择状态转至空间 5，空间 5 到任何房间和空间的 Q 值皆为 0。

$Q(1,5)$
$= R(1,5) + 0.9 * \max(Q(5,0),\ Q(5,1),\ Q(5,2),\ Q(5,3),\ Q(5,4))$
$= 100 + 0.9 * \max(0,0,0,0,0)$
$= 100 + 0.9 * 0$
$= 100$

第5步 当选择状态为房间 3 时，房间 1 到达房间 1、2、4 的奖励最大，皆为 0，那么我们选择转至房间 1，由 R 矩阵第二行可知，在房间 1 到其他房间和空间的奖励中，到达空间 5 的奖励 $Q(1,5)$ 最大，为 100 分。

$Q(3,1)$
$= R(3,1) + 0.9 * \max(Q(1,0),\ Q(1,1),\ Q(1,2),\ Q(1,3),\ Q(1,4),\ Q(1,5))$
$= 0 + 0.9 * \max(0,0,0,0,0,100)$
$= 0 + 0.9 * 100$
$= 90$

当前状态 1 还不是目标状态，继续探索。状态 1 可以转到状态 5，获得最大奖励，即 $R(1,5)=100$。经历第 4、5 步得到的 Q 矩阵如表 9.4 所示。

表 9.4　经过第 4、5 步后的 Q 矩阵

0	0	0	0	0	0
0	0	0	0	0	100
0	0	0	0	0	0
0	90	0	0	0	0
0	0	0	0	0	0
0	0	0	0	0	0

第6步 当选择状态为房间 4 时，可以转至房间 0 或房间 3，奖励值皆为 0。假如选择状态转至房间 3，那么房间 3 可以到其他房间和空间 5。

$Q(4,3)$
$= R(4,0) + 0.9 * \max(Q(3,0),\ Q(3,1),\ Q(3,2),\ Q(3,3),\ Q(3,4),\ Q(3,5))$
$= 0 + 0.9 * \max(0,90,0,0,0,0)$
$= 0 + 0.9 * 90$
$= 81$

第7步　依此类推，继续更新 Q 值，最终得到收敛后的 Q 矩阵，如表 9.5 所示。

表 9.5　走出迷宫的收敛后 Q 矩阵

Q						
	0	0	0	0	90	0
	0	0	0	81	0	100
	0	0	0	81	0	0
	0	90	73	0	90	0
	81	0	0	81	0	100
	0	0	0	0	0	0

习题

1. 什么是强化学习？强化学习有哪些特征？
2. 试着阐述强化学习的组成部分。
3. 试着阐述强化学习的分类。
4. 试着阐述基于概率的强化学习和基于价值的强化学习的联系和区别。
5. 试着阐述 Q-learning 理论，并用 Q-learning 理论知识解释拼多多平台商品推荐原理。

第 10 章

感 知 技 术

感知技术是人工智能的关键硬件技术，也是人工智能与万物互联不可或缺的技术。感知技术一般包括传感器技术、射频识别技术和卫星定位技术等。

10.1 传感器技术

10.1.1 认识传感器

传感器技术是以信号、传感器为研究对象，涉及信号采集、转换、存储、传输的相关技术，传感器是传感器技术的关键。

传感器又称变换器，也称探测器，是将被测量的非电量信号(化学信号、生物信号等)转换为与之对应的电量信号(电压、电阻、电流等信号)的电子元件或电子装置。传感器一般由敏感元件、传感元件、信号调节与电路转换器及辅助电源四部分组成，其工作原理如图 10.1 所示。

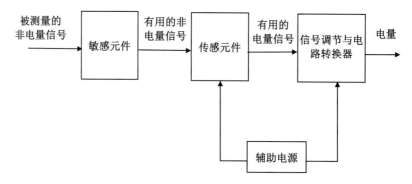

图 10.1 传感器工作原理

1) 敏感元件

敏感元件也叫感知元件，是直接用来感受被测量的温度、力、亮度、电压、磁场、气体、湿度等非电量信号转换成相对应的电量信号的电子元件。常见的敏感元件有热敏电阻器、压敏电阻器、力敏元件、磁敏元件、气敏元件、湿敏元件、色敏元件等，部分敏感元件如图 10.2 所示。其中，热敏电阻器能敏锐感知温度的变化，不同温度可表现出不同的电阻值。

2) 传感元件

传感元件是将经过敏感元件处理后输出的有用的非电量信号转换成适合传输和测量的电信号的电子元件。

湿敏元件　　　气敏元件　　　光敏元件　　　热敏元件

图 10.2　部分敏感元件

3) 信号调节与电路转换器

信号调节与电路转换器能把传感元件转换的电量信号转换成便于显示、记录、处理和控制的有用的电量信号的电路。常用的电路有电桥、放大器、变阻器和振荡器。

4) 辅助电源

辅助电源负责给传感器设备供电。例如，压力传感器(见图 10.3)在压力作用下，压力传感器的膜片(敏感元件)受到外力挤压而发生形变，进而导致应变片的电阻(传感元件的电阻)发生变化，作用于传感器的压力越大，传感器膜片的变形程度越大，电阻变化越大。因此，找到压力和电阻之间的线性关系，我们就可以根据电阻大小准确地测量出作用于压力传感器的力的大小。

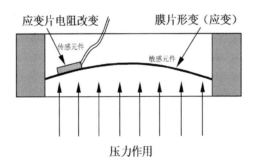

应变片电阻改变　　　膜片形变（应变）

传感元件　　　敏感元件

压力作用

图 10.3　压力传感器内部结构

10.1.2　传感器与人工智能

传感器是用于信息采集、记录、存储、传递的硬件设备。对人工智能而言，外部环境的信息只有经过采集、整理、加工后才能被使用，而传感器扮演了信息采集、记录、存储、传递的角色。传感器对人工智能的发展具有如下四个作用。

(1) 提高信息接收能力。

人工智能应用系统是通过指令或程序进行一系列的操作。人们对人工智能应用系统发出指令的时候，人工智能应用系统往往不能很好地接收这些指令信息，从而使人工智能的行为异常。传感器作为信息的传递者，可以感知人类的指令或外界环境的变化，进而准确地接收这些指令或数据，从而提高了人工智能对于信息的接收能力，使人工智能的行为更加准确。

(2) 提高信息理解能力。

人工智能应用系统要完成指令，首先要接收指令信息，然后对指令信息进行整理和记录，并形成电子数据格式的记录，而传感器在这方面提高了人工智能的信息理解能力。

例如，银行大堂机器人具有引导客户进行信息咨询、业务办理等功能，这类机器人一般支持语音指令，当客户对机器人发出语音指令时，这些语音指令首先被传感器接收，并转化为数据信息，然后人工智能应用系统与各个元件相互通信并做出反应，从而帮助或引导客户进行信息咨询与业务办理等操作。

(3) 提高信息传递能力。

传感器对信息进行接收、加工后，再将这些信息传递给其他电子元件，然后这些电子元件进行信息交换，使人工智能应用系统正常运行，这在一定程度上提高了人工智能对信息的传递能力。

(4) 提高信息表达能力。

人工智能系统对信息进行接收、加工、传递后，需要对这些信息对应的电子元件做出某些动作，即需要一个媒介来引导人工智能进行信息的准确表达，而传感器正是人工智能信息表达过程中的重要媒介。

10.1.3 传感器的分类

在各种类型的传感器中，传感器所测量的信息量包括物理信息量、化学信息量及生物信息量，详细情况如表 10.1 所示。

表 10.1 传感器测量的物理信息量、化学信息量、生物信息量汇总

所 属 类	基本信息量		派生信息量
物理信息量	位移	线位移	长度、厚度、应变、振动、磨损、不平度等
		角位移	旋转角、偏转角、角振动等
	速度	线速度	速度、振动、流量、动量等
		角速度	转速、角振动等

续表

所 属 类	基本信息量		派生信息量
物理信息量	加速度	线加速度	振动、冲击、质量等
		角加速度	角振动、扭矩、转动惯量等
	力	压力	重量、应力、力矩等
	时间	频率	周期、统计分布等
	温度		热容量、气体速度、涡流等
	光		光通量、密度、光谱分布等
化学信息量	物质成分、浓度		H_2S、PM2.5、CO_2、CO、CH_4等
生物信息量	血压、血糖、血脂、心率、脉搏		

当今，市面上的传感器种类众多，按不同方法可以把传感器分为六大类，详细情况如表 10.2 所示。

表 10.2　传感器的分类

分类方法	传感器的类型	说　明
按数据的效应分类	物理传感器 化学传感器 生物传感器	基于物理效应(力、热、光、电、声、磁)； 基于化学效应(吸附、化学反应)； 基于生物效应(酶、抗体、激素等的分子识别和选择功能)
按输入量分类	位移、速度、温度、压力、气体成分、浓度等传感器	传感器以测量的对象名称命名
按工作原理分类	应变式、电容式、电感式、电磁式、压电式、热电式传感器	传感器以工作原理命名
按输出信号分类	模拟式传感器、数字式传感器	传感器以输出信号是模拟量还是数字量命名
按是否有外加能源分类	有源传感器、无源传感器	需要外加电源的传感器称有源传感器 无须外加电源的传感器称无源传感器
按敏感材料分类	半导体传感器 光纤传感器 陶瓷传感器 金属传感器 高分子材料传感器 复合材料传感器	传感器按使用的敏感材料命名

10.1.4　常用的传感器

随着人工智能的发展，传感器被广泛应用于各种智能设备，比如智能家居、智能医疗、无人驾驶、智能手机等。常用的传感器有温湿度传感器、加速度传感器、压力传感器、红外传感器、超声波传感器、视觉传感器、24GHz 雷达传感器、毫米波传感器等。

1. 温湿度传感器

温湿度传感器就是把测量的温度和湿度信息量转为电信号的电子装置。最常见的温湿度传感器是 DHT11 温湿度传感器，如图 10.4 所示。

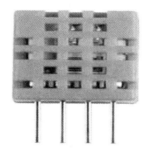

图 10.4　DHT11 温湿度传感器

DHT11 温湿度传感器是一款具有已校准数字信号输出的温湿度传感器，其相对湿度 (Relative Humidity，RH)精度为±5%RH，相对温度精度为±2℃，相对湿度范围为 20%RH～90%RH，相对温度范围为 0～50℃。

温湿度传感器应用范围广泛，主要用于智能家居、智慧农业等场景中，可以实时检测环境的温度和湿度，根据不同温湿度执行不同的控制策略。

2. 加速度传感器

加速度传感器是一种利用感受加速度并将其转换为电信号的方式来测量加速力的电子元件，一般由质量块、阻尼器、弹性元件、敏感元件和适调电路等元件组成。加速度传感器可以有效检测、诊断、测量物体的形状、大小、位置等信息，并进行精确的控制和操作。

加速度传感器主要应用在游戏娱乐、汽车安全、硬盘保护、微信运动等场景中。

1) 游戏娱乐

在娱乐方面，加速度传感器可以有效检测上、下、左、右倾斜角的微小变化，因此，用户可以通过倾斜娱乐设备来实现对场景角色或娱乐装备的方向控制。

2) 汽车安全

在汽车安全方面，加速度传感器用在汽车安全气囊、防抱死系统、牵引控制系统等安全控制上，大大提高了驾乘人员的人身安全。

3) 硬盘保护

在硬盘保护方面，加速度传感器可以检测硬盘是否处于自由落体状态，若硬盘处于自由落体状态，那么就对硬盘采取必要的保护措施。比如，外界的轻微振动可能就会损坏硬盘，进而导致硬盘数据丢失，而加速度传感器可以有效检测到硬盘是否处于自由落体状态，当检测到硬盘处于自由落体状态时，会让磁头复位并且停止读写数据操作，大大降低了硬盘的受损程度。

4) 微信运动

在运动方面，加速度传感器可以检测物体或人的振动状态。人在运动的时候会产生一定规律的振动，加速度传感器可以检测振动的过零点状态，从而有效地计算出人的运动里程、燃烧了多少能量，进而推荐合适的运动健身方案。微信运动步数排行榜示例如图 10.5 所示。

图 10.5　微信运动步数排行榜

3. 红外传感器

红外传感器又称红外探测器，是将红外辐射能转换成电能的电子器件。红外传感器主要应用在智能家居、智能办公等领域，可以通过感知人体发出的红外信号，实现对人体检测、识别、跟踪等操作。

在红外传感器中，比较常用的是热释电红外传感器，其采用具有热释电效应的材料为敏感元件，如图 10.6 所示。

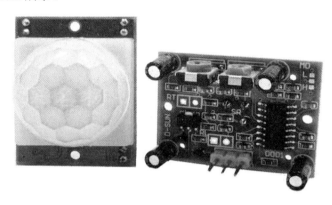

图 10.6　热释电红外传感器

其中，热释电效应的材料是一种具有自发极化特性的晶体材料，自发极化是指由于物质本身的结构在某个方向上正负电荷中心不重合而固有的极化。一般情况下，晶体自发极化所产生的表面束缚电荷被吸附在晶体表面上的自由电荷屏蔽；当温度变化时，自发极化发生改变，从而释放出表面吸附的部分电荷。

热释电红外传感器的工作原理：当红外辐射照射到极化的铁电体薄片表面上时，引起薄片温度升高，使其极化强度降低(热运动加剧，破坏了极化)，表面电荷减少，也就相当于释放了一部分电荷。

4. 视觉传感器

视觉传感器是指通过对摄像机拍摄的图像进行处理来获得物体的面积、重心、长度、位置等特征信息，并输出拍摄图像数据和检测结果的传感器。

视觉传感器是整个机器视觉系统信息的直接来源，其主要由一个或两个图形传感器组成，有时还要配以光投射器及其他辅助设备。

传统的摄像头常用于获取静态或动态图像和视频信息，主要应用在拍照、视频录制领域；而视觉传感器主要用于对获取到的图像进行物体和环境的特征量的检测，主要应用于测量、控制、监测和自动化等领域。小米摄像头、K210 图像识别视觉传感器如图 10.7 所示。

图 10.7　小米摄像头、K210 图像识别视觉传感器图

5. 24GHz 雷达传感器

24GHz 雷达传感器是一种采用高频微波来测量物体运动速度、距离、运动方向、方位角度等信息的传感器。该传感器具有体积小、质量轻、灵敏度高、稳定性强等特点，广泛运用于智能交通、工业控制、安防、体育运动、智能家居等场景。24GHz 停车位检测雷达传感器如图 10.8 所示。

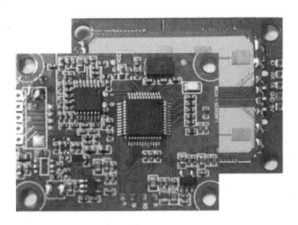

图 10.8　24GHz 停车位检测雷达传感器

10.1.5　传感器的五大性能指标

一般情况下，我们通过传感器特有的指标来衡量传感器性能的好坏，衡量传感器性能的指标主要有五个，分别为线性度、灵敏度、重复性、分辨率与阈值、稳定性。

1) 线性度

线性度又称非线性误差，是指输出量与输入量之间的实际关系曲线偏离直线的程度，如式 10.1 所示。

$$E = \pm \frac{\Delta y_{max}}{y_{FS}} \times 100\% \tag{10.1}$$

其中，Δy_{max} 为输出量与输入量实际关系曲线与拟合直线之间的最大偏差值；y_{FS} 为输出满量程值，即传感器测量范围的上限和下限输出值的差。

2) 灵敏度

灵敏度是指在稳定状态下输出增量与输入增量的比值，如式 10.2 所示。

$$S = \frac{dy}{dx} = \frac{df(x)}{dx} = f'(x) \tag{10.2}$$

3) 重复性

重复性是指输入量按同一方向做全程多次测试时，所得特性曲线不一致的程度。

$$\gamma_R = \pm \frac{\Delta R_{max}}{y_{FS}} \times 100\% \tag{10.3}$$

4) 分辨率与阈值

分辨率是指传感器在规定的范围内所能检测输入量的最小变化量。

阈值是指能使传感器的输出端产生可测变化量的最小被测输入量值，即零点附近的分辨率。

5) 稳定性

稳定性是指在室温条件下，经过相当长的时间间隔，传感器的输出量和起始标定时的输出量之间的差异。

10.2　射频识别技术

10.2.1　射频识别的定义

射频识别(Radio Frequency Identification，RFID)是一种非接触的自动识别对象并获取对象相关信息的技术。射频识别技术无须人为干预，可在任何环境下工作。射频识别系统一般由电子标签、阅读器、天线等部分构成。

1) 电子标签

电子标签由耦合元件及芯片组成，每个电子标签具有唯一的电子标签编码，电子标签内部有多块扇区，用于存储某种格式的信息。在实际应用中，电子标签一般附着在某种物体的表面，如图 10.9 所示。

图 10.9　各种类型的电子标签卡

2) 阅读器

阅读器也叫读写器，是一种用来读取或写入电子标签信息的设备。阅读器可以无接触地远距离读取并识别电子标签中所携带的信息，从而达到自动识别的目的，如图 10.10 所示。

图 10.10　阅读器

3) 天线

天线是电子标签与 RFID 阅读器之间进行信息交互的通道，用来在电子标签与 RFID 阅读器之间传递射频信号，如图 10.11 所示。射频信号分为三种，分别为低频信号(30kHz～300kHz)、高频信号(3MHz～30MHz)与超高频信号(300MHZ～3GHZ)。常见的工作频率有低频 125kHz～134kHz、高频 13.56MHz 等。

图 10.11　各种尺寸的天线

◯ 10.2.2　射频识别的工作原理

　　射频识别工作一般经历阅读器发送信号、电子标签发送信息、阅读器接收信息等步骤，详细情况如图 10.12 所示。

图 10.12　射频识别的工作原理

第1步 阅读器通过天线发送某一频率的射频信号。

第2步 当电子标签进入有射频信号的区域时就产生感应电流，从而获得能量，被激活，进而使得电子标签自身的信息通过天线发送出去。

第 3 步 阅读器通过天线接收到电子标签发来的信号，经信号解调和信息解码后传到中控系统进行信息处理。

射频识别技术应用范围广泛，主要应用在汽车晶片防盗器、门禁管制、停车场管制、生产线自动化、物料管理、ETC 收费系统等场景中。

10.3 卫星定位技术

卫星定位技术是一种使用卫星进行位置准确定位的技术，已由早期的定位精度低、不能实时定位的卫星定位系统，发展成如今高精度、实时性强的全球卫星定位系统，可以在任何地方、任何时刻进行实时定位和导航。

迄今为止，世界上最出名的卫星定位系统有四个，分别为美国的全球定位系统(GPS)、俄罗斯的格洛纳斯卫星导航系统(GLONASS)、欧盟的伽利略卫星定位系统(GALILEO)及中国的北斗卫星导航系统(BDS)。

1) GPS

GPS 于 1994 年建成，由 24 颗工作卫星和 2 颗备用卫星组成，具有全能型、全球性、全天候、连续性和实时性导航、定位和授时等特点，能为用户提供精密的三维坐标、速度和时间等信息。

GPS 军用定位精度为 0.1 米，民用定位精度约为 20 米，覆盖范围广，市场占有率最高，是全球范围内使用最广的全球卫星导航系统。

2) GLONASS

GLONASS 于 1996 年建成，由 21 颗工作卫星和 3 颗备份卫星组成，其最大优势就是在北极附近地区定位及抗干扰性强，定位精度约为 1.5 米。

3) GALILEO

GALILEO 于 2007 年建成，由 24 颗工作卫星和 6 颗备份卫星组成。2023 年，GALILEO 定位精度约为 0.2 米，长期用于民用领域，稳定性不强。

4) BDS

BDS 于 2020 年建成，由 55 颗卫星组成，具有定位、导航、授时、短报文和国际搜救等功能。

BDS 抗干扰性强，军用定位精度可达到 0.1 米，已应用于运输、航空航天、农业、公共安全、海洋渔业等众多行业中。

习题

1. 什么是传感器？传感器的工作原理是什么？

2. 结合生活中的例子，试着列举一些常用的传感器，并说说它们的功能。

3. 什么是射频识别？射频识别的工作原理是什么？

4. 什么是全球卫星定位技术？试着举例说说全球卫星定位技术的应用。

5. 结合生活中的例子，试着阐述中国北斗卫星导航系统的具体应用。

第 11 章

图像识别——机器也懂你

11.1 图像识别的原理和定义

11.1.1 图像识别的原理

为了便于大家理解图像识别的原理，我们以苹果识别为例进行说明。首先从原始信号输入开始(眼睛瞳孔看到像素)，经过初步处理(大脑皮层某些细胞发现待识别物体的边缘和拐角等特征)，然后对图像进行抽象(大脑判定，眼前物体的形状是圆的还是球状的)，最后进一步抽象直到识别物体(大脑判定该物体是一个苹果)。

以人脸识别为例，人的视觉系统的信息处理也是分级的，从下往上分为 V1 区、V2 区、V3 区、V4 区，如图 11.1 所示。低级的 V1 区可以提取图像像素；V2 区可以提取边缘特征(边缘、不同方向的拐角)；V3 区可以提取形状或者目标(眼睛、眉毛等五官)的部分特征；再到更高层——V4 区可以提取整个目标(人脸模型)及目标的行为等特征。因此，抽象层面越高，存在的可能猜测就越少，越有利于数据分类。

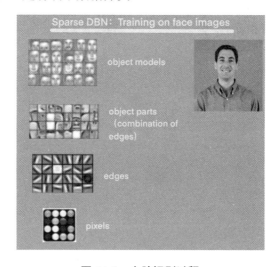

图 11.1　人脸识别过程

11.1.2 图像识别的定义

图像识别也叫图像分类，是将图像检测到的目标和文件或数据库中的某个样例对应起来，判定为文件或数据库中的某个类别，从而完成图像识别的功能。图像识别主要包括生物识别、物体和场景识别及视频识别三大类。

1) 生物识别

生物识别是利用人类特有的生理特征(如指纹、人脸、虹膜等)和行为特征(如声音、步态、姿态等)信息进行个人的身份鉴别，主要包括人脸、指纹、手掌、眼睛、步态等生物特征识别。

2) 物体和场景识别

物体和场景识别是检测出图像中场景和物体的名称，主要包括遥感图像识别、军事领域识别、病理图像识别、文档识别及车牌识别。

例如，航空遥感和卫星遥感图像识别用于梯形探测，森林、水利、海洋、农业等资源调查，灾害预测，环境污染检测及地面军事目标识别。

又如，公安部门侦查犯罪现场图片、指纹、手迹、印章、人像等的处理和辨识。

3) 视频识别

视频识别是对视频所隐藏的信息进行统计和识别。

例如，对商场、景区、机场、车站等人流密集区域的人流量进行统计；通过监控的视频图像与公安部门在逃人员库中的人员进行对比，实现罪犯跟踪、识别及抓获。

11.2 图像识别瓶颈

对于人类来说看懂图像是很简单的事，图像识别虽然可以模仿人脑的识别行为，对于计算机来说却是非常困难的。

如果让计算机从图像中自动识别各种不同模式的目标和对象，计算机需要借助程序算法来进行数据处理、数据分析、特征提取、理解图片中的内容等操作。

在特征提取上，人类通过提取物体的轮廓、色彩、纹理、空间等相关的特征来识别物体，而计算机可以通过图像像素颜色值所表达的图像特征来识别某一物体。

其中，每幅图像由若干像素点构成，每个像素点又由不同颜色值构成。在图 11.2(左)中，每个小方格代表一个像素点，这些小方格都有一个明确的位置和被分配的色彩数值，可以将像素点视为整个图像中不可分割的单位或者元素，所有小方格的颜色和位置信息就决定了该图像所呈现的效果。

提示：RGB 色彩模式是一种比较常用的颜色表示方法，它通过不同比率 R、G、B 颜色分量的相互叠加得到各式各样的颜色，这种颜色表示方法几乎包括了人类视力所能感知的所有颜色，是运用最广的色彩模式之一，如图 11.2(右)所示。

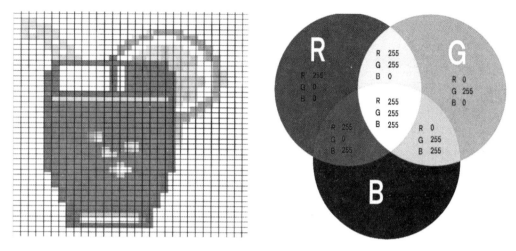

图 11.2　由若干像素点组成的小黄鸭及 RGB 色彩数值

对计算机来说，物体识别具有如下两大难点。

(1) 特征难以提取。

一天中的光线是不断变化的，即使图像里的内容相同，但由于不同的光线、不同的动作，在像素层面，其变化也会非常大，这对于特征提取是一大挑战。

(2) 数据计算量巨大。

一幅高像素图像的数据量是非常大的，数据计算量会更大。

例如，对于一幅分辨率为 1920 像素×1080 像素的图像，即图像横向有 1920 个像素点，纵向有 1080 个像素点，这幅图像总共有 2 073 600 个像素点，如果这幅图像是真彩色图像，那么每个像素点有 R、G、B 三个像素值。处理图像的时候，就需要处理 1920×1080×3= 6 220 800 个数据。

11.3　图像识别过程

图像识别过程主要包括图像数据采集阶段、图像预处理阶段、特征提取及选择阶段、分类器设计阶段及分类决策阶段。

从图 11.3 得知，通过无人驾驶车的摄像头获取的是动态的视频，那为什么我们要学习的是图像识别流程，而不是视频识别流程呢？

事实上，视频是由一帧帧连续不断的图像构成的，图像识别过程中先将视频分解成一帧一帧的图像，然后按照图像识别的流程进行处理，最终会得到一张张车道路线检测结果图，将这些图像拼起来，就得到视频中的车道路线检测效果了。

图 11.3　无人驾驶车识别车道图像

下面就以无人驾驶车识别车道和车道边界线为例阐述图像识别的原理。

11.3.1　图像数据采集阶段

图像数据采集即通过摄像头进行图像采集的过程，如图 11.4 所示，其包含三个步骤。

第1步 通过摄像头采集光信号。

第2步 把采集到的光信息号转换为电信号。

第3步 采用一定的方法把电信号转换为计算机能识别的数字信号。

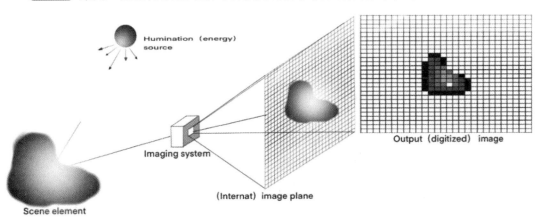

图 11.4　图像数据采集原理

11.3.2　图像预处理阶段

图像预处理主要是指对待处理的图像进行去噪、平滑、变形、归一化、光照补偿等图像处理，从而增强图像的关键特征，减少其他干扰因素，提高图像识别的准确率。预处理后的车道图像如图 11.5 所示。

图 11.5　预处理后的车道图像

11.3.3　特征提取及选择阶段

因为不同的图像有不同的特征，所以图像识别需要通过图像所独有的特征来将它们分类，获取这些特征的过程就是图像特征提取。

在特征提取中所得到的特征也许对本次识别不起作用，这个时候就要选择其中有用的特征，这就是特征的选择。

特征提取及选择在图像识别过程中是非常关键的技术之一，通常会采用边缘检测法剔除不相关的信息，保留图像重要的结构。图 11.6 所示是采用 Canny 边缘检测后的效果。

接下来，我们使用霍夫变换(Hough Transform)来提取图像中的直线(段)，图 11.7 中红线即为提取结果。从图 11.6 可以看出，虽然车道线的线段不连续，但已经很接近我们想要的输出结果了。

图 11.6   特征提取和选择效果图

11.3.4   分类器设计阶段

通过图像特征提取及选择，获取我们需要的信息，舍弃不需要的特征信息，接下来需要选择合适的分类器。

分类器设计是指通过某一分类器和数据集训练得到某种合适的数据模型，通过此数据模型识别出两类或多类样本数据。例如，针对车道边界线检测，可以设计一个神经网络分类器或支持向量机分类器，进而识别出车道和车道边界线，如图 11.7 所示。

图 11.7   车道与车道边界线分类图

11.3.5　分类决策阶段

分类决策是指通过已设计好的分类器或分类模型对被识别对象进行分类。该阶段可以将车道线和车道分类，如图 11.8 所示。

图 11.8　道路标志线与非道路标志线分类图

11.3.6　案例 1——迎春花与连翘花识别

1) 花瓣图像特征

本例以迎春花和连翘花识别为例进一步介绍图像识别的相关知识。这两种花在花瓣数量、花朵朝向等特征中都有区别，如表 11.1 所示。

(1) 迎春花：花朵朝上，花瓣数为 6，枝条下垂，小枝呈绿色、四棱形状。

(2) 连翘花：花朵朝下，花瓣数为 4，枝条上扬，小枝呈浅褐色、圆形。

表 11.1　迎春花与连翘花特征值

种　类	花瓣数 (4/6)	花朵朝向 (上/下)	枝条下垂 (是/否)	小枝颜色 (绿色/浅褐色)	小枝形状 (四棱/圆形)	花朵颜色
迎春花	6	上	是	绿色	四棱	黄
连翘花	4	下	否	浅褐色	圆形	黄

迎春花与连翘花分别如图 11.9 所示。

图 11.9 迎春花(左)和连翘花(右)

2) 花瓣图像分类

接下来，我们就以花瓣数为分类特征，完成对迎春花和连翘花的分类，模仿人类对花的识别过程，对两种花进行分类。

在图像识别中，分类器工作的过程为：发现物体→提取物体的特征→训练好分类模型→进行分类测试。这样分类器就会根据特征进行判断并输出结果。

通过花瓣数，我们可以设计一个数学方程式 $y = f(x)$，作为迎春花和连翘花的分类器。如式 11.1 所示，x 为待输入花瓣数特征值，y 为输出分类结果。

$$y = \begin{cases} -1, & x = 6 \\ 1, & x = 4 \end{cases} \tag{11.1}$$

其中，x 表示花瓣数，-1 代表迎春花，1 代表连翘花。

除了花瓣数特征值外，我们也可以提取其他特征来定义分类函数，做成多层分类器。当花朵被提取特征后，通过花瓣数、花朵朝向、枝条下垂与否、小枝颜色、小枝形状等多重分类器的鉴别，就会让识别准确率大大提高。

下面我们根据迎春花和连翘花的枝条下垂情况，设计一个分类函数作为分类器，如式 11.2 所示。

$$y = \begin{cases} -1, & x = Y \\ 1, & x = N \end{cases} \tag{11.2}$$

其中，x 代表枝条下垂与否，-1 代表迎春花，1 代表连翘花。

11.4 人脸识别

11.4.1 人脸识别过程

人脸识别是图像识别的具体应用场景，它是根据人脸特征识别出人的身份信息，常被应用于金融服务、公安刑侦、自助服务、小区安保等领域。一套完整的人脸识别系统一般包括五个阶段：图像获取、人脸检测、人脸图像预处理、人脸图像特征提取及人脸识别，具体如图 11.10 所示。

图 11.10　人脸识别系统流程图

1）图像获取

图像获取是通过摄像头或摄影机进行图像采集，供下一步人脸检测使用。

2）人脸检测

在已获取的图像中，采用机器学习算法，根据人脸的轮廓、肤色、纹理、结构或直方图等特征检测图像中的人脸区域。目前，opencv-python 扩展库提供了正面人脸、侧脸、笑脸、眼睛、身体等分类器，分类器名称和分类器说明如表 11.2 所示。

表 11.2　opencv-python 扩展库包含的分类器及其说明

分类器名称	说　明
haarcascade_frontalface_default.xml	正面人脸分类器(默认)
haarcascade_frontalface_alt2.xml	正面人脸分类器(Har 方法)
haarcascade_profileface.xml	侧脸分类器
haarcascade_smile.xml	笑脸分类器
haarcascade_eye.xml	眼睛分类器
haarcascade_lefteye_2splits.xml	左眼分类器
haarcascade_righteye_2splits.xml	右眼分类器
haarcascade_fullbody.xml	身体分类器

3) 人脸图像预处理

经过第 2 步检测到的人脸图像容易受距离、焦距、光线、噪声等因素影响，导致出现人脸图像大小不一致、图像模糊、图像曝光过度等情况。为了保证人脸大小、位置及人脸图像质量一致，必须对人脸图像进行人脸扶正、人脸图像增强和归一化等预处理操作。

4) 人脸图像特征提取

截至 2023 年年底，全球人口总数高达 80.86 亿，相应地就有 80.86 亿张人脸，每张人脸都有不同的眼睛、鼻子、嘴唇、眉毛、下巴、皮肤及其相互间的关系特征，通过这些特征及特征之间的结构关系就可以准确地区分不同人脸及身份。

人脸图像特征提取就是把涉及人脸方面的关键特征数据或关键特征向量提取出来。人脸图像特征提取是整个人脸识别的关键环节，特征提取得越准确，就越能真实体现人脸的差异性和独特性，也就越有助于提高人脸识别的准确度。

人脸识别特征提取方法很多，但归纳起来大约有以下三种。

(1) 基于五官的特征提取方法。

该方法通过对人脸的五官(眉毛、眼睛、耳朵、鼻子、嘴巴)大小、形状，以及五官之间的距离、角度等特征数据来提取，这种方法容易受人脸表情和人脸姿态的影响。

(2) 基于模板的特征提取方法。

该方法利用人脸五官的几何特征定义一个人脸模板，这些几何特征可以通过虹膜中心、内眼中心、外眼中心、鼻尖点、鼻孔点、耳屏点、耳下点、口角点、头顶点、眉内点和眉外点等关键点获得。人脸 72 关键点分布如图 11.11 所示。

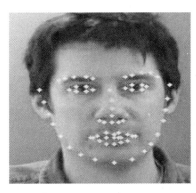
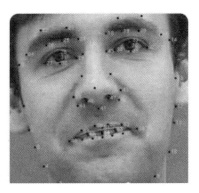

图 11.11　人脸 72 关键点分布图

这个模板可以是固定模板，也可以是可变模板。固定模板比较简单，随着环境变化，模板也要更换，有很大的局限性，一般适合较简单的人脸识别。可变模板以五官的几何特征作为模板的参数，定义一个能量函数，通过改变参数使能量函数值最小化。能量函数值越大，越远离提取目标；能量函数值越小，则越接近提取目标。

(3) 基于代数方法的特征提取方法。

这类方法利用代数变换来提取人脸图像特征，无须提取眼睛、鼻子、嘴巴、眉毛等五官几何特征，其中比较经典的方法是特征脸方法。

特征脸方法依据 K–L 变换，可以将协方差矩阵分解，将原始图像变换到一个新的维数较低的特征空间。它通过计算机矩阵的特定值和特征向量，利用人脸图像的代数特征信息来提取人脸五官特征。

5) 人脸识别

经过人脸特征提取阶段后，获得人脸图像特征数据向量，我们就可以采用机器学习方法将这些特征向量与人脸数据库中存在的人脸图像进行逐个匹配、相似度计算。相似度越高，就越可能是我们要识别的人脸；相似度越低，则越可能不是我们想要找的人脸。

11.4.2 人脸识别函数 opencv

目前，opencv-python 扩展库提供三种人脸识别算法：EigenFace(特征脸)算法、线性判别分析 FisherFace 算法和 LBPHFace 算法。

1) EigenFace 算法

EigenFace 算法的基本思想是：利用 PCA 算法得到人脸分部的主要成分，对训练样本集中所有人脸图像的协方差矩阵进行特征值分解，得到对应的特征向量，这些特征向量就是"特征脸"。每个特征向量的"特征脸"相当于捕捉或者描述人脸之间的一种变化或特性，这就意味着每张人脸都可以表示为这些特征向量的线性组合。经过 PCA 空间变换后，每个特征向量在空间下就是一个点，这个点的坐标就是这张人脸在每个特征下的投影坐标。计算每个人脸特征向量之间的距离，若距离小于某个阈值，可认为这些特征向量代表同一个人的人脸，否则就代表不同的人脸。

特征脸图像反映的是原始模式变化最大的成分，使图像重建后的均方差最小。因此 EigenFace 算法容易受光照条件等与人脸识别无关的因素影响。

2) FisherFace 算法

FisherFace 算法是由现代统计学奠基人之一罗纳德·费希尔(Ronald Fisher)提出的，故称为 FisherFace 算法。

FisherFace 算法是基于线性判别分析(Linear Discriminant Analysis，LDA)算法实现的。LDA 算法的基本思想是：将高维样本数据投影到最佳分类的低维向量空间，保证数据在新的子空间中类间距离更大和类内距离更小。

FisherFace 算法结合了 PCA 和 LDA 算法的优点，既保留了原始人脸空间数据绝大部分的主要特征，又考虑到原始图像不同类别的分类特征，并在此基础上实现了原始人脸空间向特征空间的转换，最终形成 FisherFace 特征向量。

3) LBPHFace 算法

LBPH(Local Binary Patterns Histograms，局部二进制编码直方图)是基于提取图像特征的 LBP 算子。该算法的主要原理如下。

第1步 先使用 LBP 算子提取图像特征，这样可以获取整个图像的 LBP 图像。

第2步 再将 LBP 图像分为若干区域，获取每个区域的 LBP 直方图，从而得到整个图像的 LBP 直方图，即得到人脸图像特征向量。

该算法的优点如下。

(1) 该算法能够在一定范围内减少因为没完全对准人脸区域而造成的误差。

(2) 可以根据不同的区域赋予不同的权重系数，如人脸图像往往在图像的中心区域，因此，中心区域的权重往往大于边缘区域的权重。

(3) LBPHFace 算法不受光照、缩放、旋转和平移等因素的影响，识别准确率高，通用性能好。

opencv 扩展库含有人脸识别包 opencv-contrib-python，该包提供了上述三种人脸识别方法对应的函数，主要包括 EigenFaceRecognizer_create、FisherFaceRecognizer_create、LBPHFaceRecognizer_create 人脸识别模型函数，具体如表 11.3 所示。

表 11.3　opencv 扩展库的三种人脸识别模型函数

函 数 名	说 明
EigenFaceRecognizer_create	EigenFace 人脸识别模型函数
FisherFaceRecognizer_create	FisherFace 人脸识别模型函数
LBPHFaceRecognizer_create	LBPHFace 人脸识别模型函数

11.4.3　案例2——检测某一幅图像中的人脸区域

人脸检测就是从采集到的图像 Picture01.jpg 中检测出有人脸的区域。我们从网上下载他人训练好的人脸分类器 haarcascade_frontalface_default.xml，并把 Picture01.jpg 和 haarcascade_frontalface_default.xml 放至源程序所在的文件夹下。人脸检测流程图如图 11.12 所示。

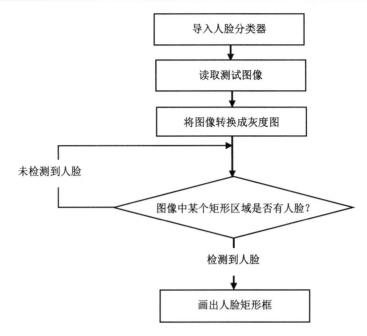

图 11.12　人脸检测流程图

人脸检测的具体操作步骤如下。

【第1步】安装 opencv-python 扩展库。

```
pip3 install opencv-python
```

【第2步】根据人脸检测流程图编写参考代码，如下所示。

参考代码 11.1：实现人脸检测。

```
01.  import cv2
02.  import numpy as Np
03.  FaceCascade=cv2.CascadeClassifier('haarcascade_frontalface_default.xml')
04.  Img =cv2.imread('Picture01.jpg')
05.  Gray= cv2.cvtColor(Img,cv2.COLOR_BGR2GRAY)
06.  Faces=faceCascade.detectMyltiScale(Gray,1.3,5)
07.  for(x,y,w,h) in Faces:
08.      cv2.rectangle(Img,(x,y),(x+w,y+h),(0,0,0),1)
09.      cv2.imshoow('Pic',Img)
10.  cv2.waitKey(0)
11.  cv2.destroyAllwindows()
```

上述代码中，第 3 行代码用来构建人脸分类器 FaceCascade；第 4 行代码用来读取源代码所在的文件夹下的 Picture.jpg 文件；第 5 行代码把图像转换成灰度图；第 6 行代码对灰度图 Gray 按搜索窗口比率系数 1.3、相邻矩阵最小个数为 5 的扫描方式检测人脸，并返回检测到的人脸矩形向量数组；第 7、8 行代码用于遍历已检测到的向量数组，在图像 Img 中画出相应的人脸矩形框；第 9 行代码用于显示绘制有人脸矩形框的图像。

11.4.4 案例 3——识别出某一幅图像中的人脸身份信息

现有 4 人人脸图像信息，请通过 LBPHFace 算法准确识别出待测试的人脸身份信息。

人脸身份识别流程：先采集 4 人人脸图像(每个人有 8 张人脸图像)，并进行人脸样本训练，然后随机拍照进行人脸身份识别，如图 11.13 所示。

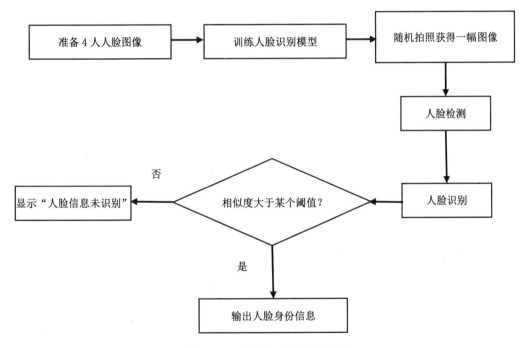

图 11.13 人脸身份识别流程图

根据上述人脸身份识别流程图，我们把人脸身份识别分成 4 步，详细步骤如下所示。

第 1 步 构建一个人脸检测分类函数 Get_Face_Cascade。

构建一个人脸检测分类函数 Get_Face_Cascade(Model_File)，为后期实现人脸检测提供接口。

注意： 这里的 Model_File 应输入从 opencv 扩展库下载的人脸模型训练集的路径，名称为 haarcascade_frontalface_default.xml。

参考代码 11.2：构建人脸检测分类函数 Get_Face_Cascade，返回人脸向量。

```
01.  import cv2
02.  import os
03.  import numpy as Np
04.  # 定义一个人脸检测分类函数，函数名为 Get_Face_Cascade
     def  Get_Face_Cascade(Model_File):
05.  # 通过 CascadeClassifier 函数加载预先训练好的级联库 Model_File
06.      FaceCascade=cv2.CascadeClassifier(Model_File)
07.      return FaceCascade
```

第2步 生成目标人脸数据训练集。

构建一个函数 Get_Faces_Train(File_Path,Model_File) 来生成目标人脸数据训练集，通常采用目标对象的人脸数据和身份数据作为人脸识别模板的训练集。注：此处的 File_Path 为用于训练的人脸图片存放的路径。

参考代码 11.3：生成目标人脸数据训练集。

```
01.  import cv2
02.  import os  # 引入操作系统接口库，该库包含文件目录读取函数
03.  # 定义人脸身份数据训练集函数，函数名为 Get_Faces_Train
04.  def  Get_Faces_Train(File_Path,Model_File):
05.  # 向量 Images 用于存放人脸图像数据
06.      Images = [ ]
07.  # 向量 Ids 用于存放人脸身份编号信息
08.      Ids =[ ]
09.  # 向量 Names 用于存放人脸身份姓名信息
10.      Names = []
11.  # 调用 Get_Face_Cascade 函数获得检测到的人脸向量
12.      FaceCascade=Get_Face_Cascade()
13.  # 利用 OS 把每幅图片的路径保存到 ImgPaths 里
14.      ImgPaths = [os.path.join(File_Path, f) for f in os.listdir(File_Path)]
15.      # 遍历 File_ Path 下所有目标人物图像文件
```

```
16.      for File_Path in ImgPaths:
17.          # 读入人脸图像
18.          PIL_img = Image.open(FilePath).convert('L')  #打开图像并转换成灰度图
19.          img_numpy = Np.array(PIL_img, 'uint8')  #把图像转换为数组
20.      # 把文件的名字以"_"为标准进行划分，得到人脸对应的序号 Id(图片命名方式为"姓名_序号_
         第几张图片"，例如，吴京序号 0 第 2 张照片命名方式为"吴京_0_2")
21.          Id = int(os.path.split(FilePath)[1].split("_")[1])
22.      # 操作同上，得到并保存人脸姓名
23.          Name = os.path.split(FilePath)[1].split("_")[0]
24.      # 因为一个人的照片有很多张，所以录入过的名字就不再录入了
25.          if Name not in Names:
26.              Names.append(Name)
27.          Faces=FaceCascade.detectMultiScale(img_numpy,1.3,3)
28.          for (x, y, w, h) in Faces:
29.              Images.append(img_numpy[y:y + h, x: x + w])
30.              Ids.append(id)
31.              # 保存人脸图像数据
32.              Images.append(img_numpy[y:y+h,x:x+w])
33.          # 保存人脸身份信息数据
34.          Ids.append(id)
35.                  return Images,Ids,Names
36.  # 调用 Get_Faces_Train 函数生成目标人脸身份数据集，返回人脸图像和身份编号
37.  Images,Ids=Get_Faces_Train('data/persons/','haarcascade_fontalface_
     default.xml')
```

第3步 训练人脸身份模型。

采用 LBPHFace 算法对第 2 步获得的人脸图像训练样本集进行训练。

参考代码 11.4：训练人脸身份模型。

```
01.  import cv2
02.  # 创建 LBPHFace 人脸识别模型 FaceRecognizer
03.  FaceRecognizer=cv2.face.LBPHFaceRecognizer_create()
04.  # 对人脸图像数据、身份数据进行训练
05.  FaceRecognizer.train(Images,Np.array(Ids))
06.  # 将训练好的人脸分类模型进行保存，文件名为 LBPFaceRec.xml
07.  FaceRecognizer.save('data/Models/LBPFaceRec.xml')
```

第4步 利用训练好的人脸身份模型来测试新的人脸。

通过读取一幅人脸图像来识别该人脸,并显示这个人的身份信息。(函数中的路径请根据自己的设置来填写。)

参考代码 11.5:实现人脸身份识别。

```
01.    import cv2
02.    # 引入人脸分类器,存放在 FaceCascade 中
03.    FaceCascade =Get_Face_Cascade(Model_File)
04.    # 创建 LBPHFace 人脸识别模型 FaceRecognizerTest
05.    FaceRecognizerTest=cv2.face.LBPHFaceRecognizer_create()
06.    # 读取人脸识别模型 LBPHFaceRec.xml
07.    FaceRecognizerTest.read('data/Models/LBPHFaceRec.xml')
08.    # 测试人脸图像 Test_People.jpg
09.    Test_Image= cv2.imread('data/Test_People.jpg')
10.    # 把测试人脸图像 Test_Image 转换成灰度图
11.    Test_Gray=cv2.cvtColor(Test_Image,cv2.COLOR_BGR2GRAY)
12.    # 对读取的灰度图像进行人脸检测,把结果放在 Faces 中
13.    Faces= FaceCascade.detectMultiScale(Test_Gray,1.3,3)
14.    x,y,w,h=Faces[0]
15.    # 调用 predict 函数测试图像,在人脸数据库中进行人脸评分
16.    Score= FaceRecognizerTest.predict(Test-Gray[y:y+h,x:x+w])
17.    # 如果评分小于 95 分,就认为识别成功,并输出识别出的人脸对应的 id 与姓名
18.    if  Score<95:
19.        print(id)
20.        print(Names[id])
21.        print(Score)
22.    else:
23.        print(Score)
24.        print("人脸信息未识别")
```

人脸识别测试效果如图 11.14 所示。

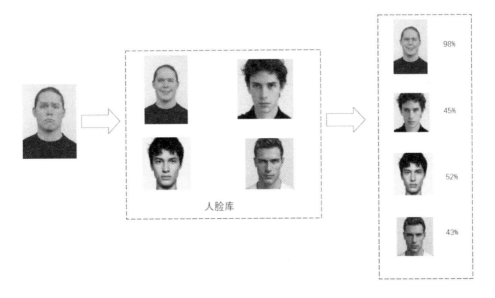

图 11.14　人脸识别测试效果

习题

1. 什么是图像识别？
2. 图像识别面临的瓶颈是什么？
3. 简述图像识别的过程。
4. 简述图像识别过程中的特征提取，以及特征提取对图像识别的意义。
5. 试一试寻找生活中图像识别的案例，并用图像识别原理分析其识别过程。

第 12 章

语音识别——机器也听话

语音识别是以语音、声波为研究对象，通过语音信号处理和模式识别知识让机器自动识别和理解人类口述的语言。语音识别广泛应用于语音翻译、语音开关灯、语音导航、语音播放音乐、与机器人语音对话等场景中。

12.1　声波的定义

声音是由物体的振动产生的。发声体产生的振动在空气或其他物质中的传播叫作声波。空气、水、金属、木头等弹性介质都能够传递声波，它们都是声波的介质。

12.2　听觉原理

人耳中负责把声音转换成神经信号的器官叫耳蜗。声波会带动耳蜗中的纤毛振动，与纤毛连接的毛细胞就会把振动强度转换成神经信号，当所有的毛细胞产生的神经信号送入大脑中时，大脑就会形成一幅频谱图。人耳内部结构如图12.1所示。

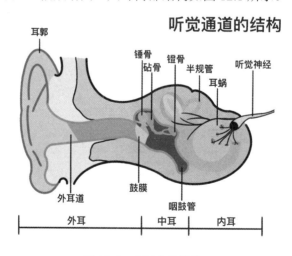

图 12.1　人耳内部结构

12.3　语音识别原理

语音识别是人工智能的核心应用场景，识别过程主要包括以下两个阶段，如图 12.2 所示。

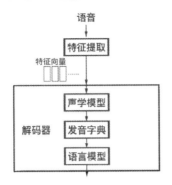

图 12.2　语音识别流程图

1) 语言特征提取阶段

语音特征提取阶段包括声波获取、声波分解、声波变换等。

2) 声波解码阶段

从声波中提取的特征向量先后经过声学模型、发音字典、语言模型解码过程，根据不同语言种类分析出概率最大的词组或句子，这样就完成了从声音到文字的转换。

12.3.1　声波特征提取阶段

声波按一定规则被分成一个个小段，称为帧(见图 12.3)。根据人耳的生理特性，把每一帧波形变成一个多维向量，这个过程叫作特征提取。声波特征提取包括三个步骤，具体如下。

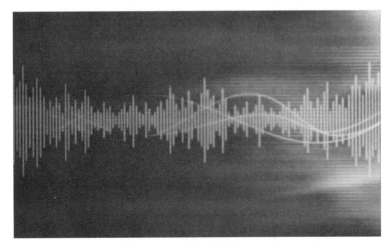

图 12.3　若干帧声波图

第1步 声波获取阶段。

通过计算机软件获得声波信息，如图 12.4 所示。

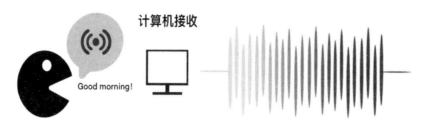

图 12.4　将声波转换成电信号过程图

第2步 声波分割成若干小帧阶段。

将计算机获取的声波信号分解成一个个小帧，帧与帧之间是有交叠的。其中，帧是声波中的最小单位，每帧时长为 25 毫秒，如图 12.5 所示。

将声波分成小的单位，通常每帧时长为 25 毫秒，5 秒的声波可提取出 200 帧的声波

图 12.5　把整段声波分解成以帧为单位的声波

第3步 帧波特征提取阶段。

对每帧声波采用一定的方法或算法(如 MFCC)进行波形变换。人耳可感知到频率为 16～20 000Hz 的声音，因此，把每一帧波形变成一个多维向量，这样就完成了一个系列帧的特征提取，如图 12.6 所示。

图 12.6　帧波特征提取阶段图

12.3.2 声波解码阶段

将声波特征向量序列送入声学模型、发音字典、语言模型解码器中进行解码，如图 12.7 所示。

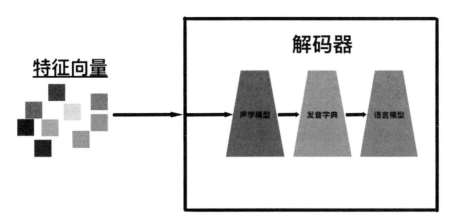

图 12.7 声波特征向量解码阶段图

语音解码阶段包括三个步骤，具体如下。

第1步 将声波特征向量导入声学模型。

当声波特征向量导入解码器后，会先通过声学模型，声学模型是对声学、发音学、环境的变量、说话人性别、口音等差异的知识进行表示，它通过隐马尔科夫模型(HMM)或者深度神经网络模型(DNN)等算法，将声波特征向量形成观察矩阵序列，计算出概率最大的音素，如图 12.8 所示。

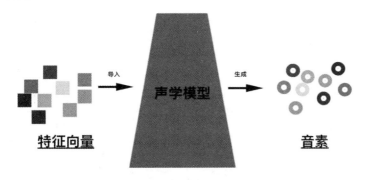

图 12.8 声波最大特征向量通过声学模型

其中，语音特征的提取大部分需要区分清音和浊音。发清音时声带不振动，因此，清音没有周期性。清音由空气摩擦产生，发清音时声带完全舒展。发浊音时声带紧绷，在气流作用下做周期性运动。音素、元音、辅音分类如图 12.9 所示。

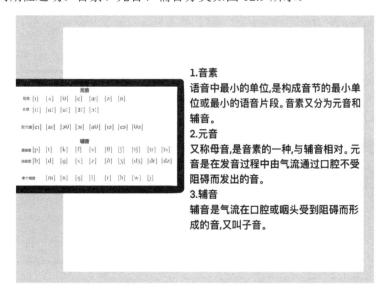

1.音素
语音中最小的单位,是构成音节的最小单位或最小的语音片段。音素又分为元音和辅音。

2.元音
又称母音,是音素的一种,与辅音相对。元音是在发音过程中由气流通过口腔不受阻碍而发出的音。

3.辅音
辅音是气流在口腔或咽头受到阻碍而形成的音,又叫子音。

图 12.9 音素、元音、辅音分类图

第2步 将音素导入发音字典。

将音素导入发音字典解码器进行检索、匹配、计算，找出概率最大的字，如图 12.10 所示。

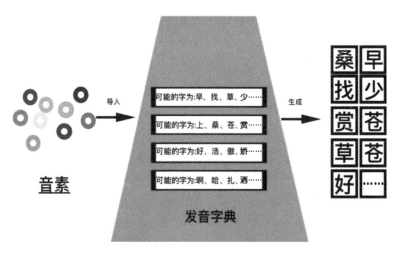

图 12.10 声波解码过程(1)

第 3 步 字在语言模型中排序匹配。

将生成的文字导入语言模型解码器中，按照一定的规则进行排列组合，最终输出概率最大的词、句，完成从声波到文字的识别，如图 12.11 所示。

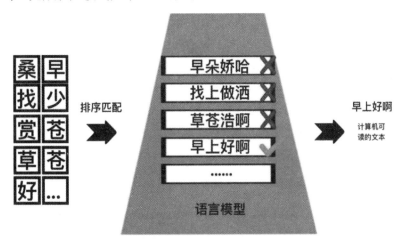

图 12.11　声波解码过程(2)

12.4　语音识别实现方式

语音识别是人工智能的重要应用场景，也是语音交互功能的核心技术。

语音识别是基于机器学习方法实现的，它通过大数据进行模型训练从而识别出语音所表达的真实意思。据科大讯飞的相关报道，它们的语音识别准确率高达 99%，而且能识别多种外语口语及国内多地的方言。

按照语音技术实现方式，语音识别分为本地语音识别和云语音识别。

(1) 本地语音识别主要是借助语音芯片来实现，比如 LD3320 语音识别模块。

(2) 在云语音识别方面比较成功的有科大讯飞、百度 AI，它们提供了友好的应用程序接口，支持多种开发语言，与本地语音识别相比，它们的识别准确率更高，应用更为灵活。

12.5　海思语音识别案例

该案例是语音识别场景中比较成熟的案例，现就海思音频模块、语音识别架构展开阐述。

12.5.1 海思音频模块

海思音频模块包括音频输入、音频输出、音频编码、音频解码四个模块，这些模块分别实现了音频采集、音频播放、音频编码及音频解码等功能。

原始输入的音频信号是模拟信号，而计算机能识别的信号为数字信号。因此，必须将模拟信号经过脉冲编码调制(Pulse Code Modulation，PCM)方式处理转换为数字信号。常用音频采样频率有 8kHz、16kHz、32kHz、48kHz。在语音识别场景中，为了保持高质量音质、降低数据运算时间空间复杂度，我们一般采用 16kHz 的采样频率。

海思音频模块实现方式有两种：一种是将音频芯片集成到芯片内部，作为芯片上的资源使用；另一种是采用外接音频芯片方式，如 WM9874。这两种接法大同小异，与音频芯片控制指令进行数据交互由 I2C 实现，音频数据交互则由 I2S 或者 PCM 来实现。

海思语音识别案例开发需要注意的是音频采样频率设置、采样数据位宽(8 位或者 16位)。不同的云语音识别平台对音频采样频率、采样位宽都有不同要求，市面上比较常用的是 16kHz 采样频率、16 位数据宽度、PCM 音频格式。

图 12.12 和图 12.13 分别是海思 CPU 与音频芯片用 I2S 或 PCM 方式进行数据交互的示意图，可见 PCM 方式只有单声道，而没有多声道立体声的概念。

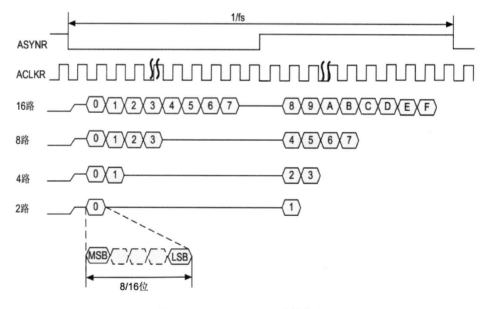

图 12.12　I2S 2/4/8/16 路接收图

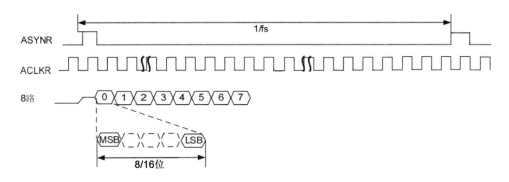

图 12.13　PCM 时序发送示意图

12.5.2　海思语音识别原理

随着 5G 时代的到来，语音云识别方式具有成本较低、后期维护简单、实时识别准确率高等优点，越来越受广大用户的青睐。配合 HIMPP 平台的 API 使用，实现音频采集、处理、推云平台的功能并不难。海思语音识别原理主要有三步。

第1步　将 MIC 作为音频模拟信号输入源，由 AUDIO CODE 芯片进行模数转换。

第2步　通过 I2S 或者 PCM 方式与 CPU 进行数据交互。

第3步　CPU 通过 Socket 连接科大讯飞或百度 AI 语音云发送待识别的语音信号，科大讯飞或百度 AI 语音云将语音识别的结果返回给用户，如图 12.14 所示。

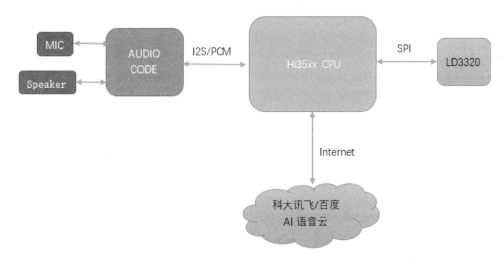

图 12.14　Hi35xx 语音识别方案框架图

12.6 案例——SpeechRecognition **实现语音识别**

本次语音识别案例要用到 librosa 扩展库、SpeechRecognition 函数库、pocketsphinx 语音识别库等。

12.6.1 使用 librosa 扩展库获取声波特征

在语音处理方面，librosa 模块是一个用于音频/音乐分析、音频处理的 Python 工具包，其具有音频处理、特征提取、绘制声音图形等功能。使用 librosa 扩展库获取声波特征的过程如下。

第1步 安装 librosa 模块。

```
pip3 install librosa
```

第2步 绘制音频波形图。

安装完 librosa 模块后，可以使用 load 函数读取音频文件，调用 waveplot 函数绘制音频波形图，参考代码 12.1 如下。

```
01.  # 引入 librosa 模块
02.  import librosa
03.  # 从 librosa 模块库中引入 display
04.  from librosa import display
05.  # 引入 matplotlib 库中的 pyplot，并取名为 Plt
06.  import matplotlib.pyplot as Plt
07.  # 通过 load 函数读取音频文件 Test.wav，返回两个值
08.  Samples,Sampling_Rate=librosa.load
09.  ("Test.wav",sr=None,mono=True,offset=0.0,duration=None)
10.  # 通过 display 模块中的 waveplot 函数绘制波形图
11.  librosa.display.waveplot(y=Samples,sr=Sampling_Rate)
12.  # 把 "Time" 显示在 X 轴上
13.  Plt.xlabel("Time--")
14.  # 把 "Amplitude" 显示在 Y 轴上
15.  Plt.ylabel("Amplitude")
16.  # 显示绘制的图
17.  Plt.show()
```

代码 Samples,Sampling_Rate=librosa.load("Test.wav",sr=None,mono=True,offset=0.0,duration=None)中，通过 load 函数读取 Test.wav 音频文件。返回值 Samples 表示音频的信号值。Sampling_Rate 表示采样频率，其中，第 1 个参数表示音频文件名；第 2 个参数 sr 表示采样频率；第 3 个参数 mono，设置为 true 时，表示单声道；第 4 个参数 offset 表示读取的时间；第 5 个参数 duration 表示获取音频的时长。

代码 librosa.display.waveplot(y=Samples,sr=Sampling_Rate) 中，通过 display 模块中的 waveplot 函数按 y 和 sr 值绘制波形图，y 的数值为波形信号值，sr 为采用频率。

12.6.2　使用 SpeechRecognition 函数库和 pocketsphinx 语音识别库识别语音

在语音识别方面，SpeechRecognition 函数库集合了语音识别库的接口，经常用在语音识别场景中。使用 SpeechRecognition 函数库和 pocketsphinx 语音识别库识别语音的过程如下。

第 1 步 安装 SpeechRecognition 函数库。

```
pip3 install SpeechRecognition
```

第 2 步 安装语音识别库 pocketsphinx。

```
pip3 install pocketsphinx
```

安装 pocketsphinx 过程中，如果缺少文件，那么可以从阿里服务器中下载 wheel 来安装，参考代码如下。

```
pip3 install pocketsphinx-0.1.15-cp37m-win_amd64.whl
```

当 pocketsphinx 安装成功后，默认含有英文的语音库，如果需要含有中文的语音库，那么需要下载中文普通话模型文件。sourceforge 提供了相关的文件可以下载，下载后把文件解压，解压后的文件 Pocketsphinx-data 下有一个名为 zh-cn 的文件夹，里面的 language-model.lm.bin、pronounciation-dictionart.dict、acoustic-model 文件夹都是语音识别必备的文件或文件夹。

第 3 步 识别 Test.wav 文件，参考代码 12.2 如下。

```
01.   # 引入 speech_recognition 库，并取名为 Sr
02.   import speech_recognition as Sr
03.   # 初始化 Recognizer 识别类
```

```
04.    R=Sr.Recognizer()
05.    # 调用函数 AudioFile 来读取 Test.wav 音频文件
06.    Mic =Sr.AudioFile("Test.wav")
07.    # 利用 win 语句把变量 Mic 绑定到变量 Source
08.    with  Mic as source:
09.    # 调用 record 函数录制该文件
10.    Audio =R.record(source)
11.    # 调用 .recognize_sphinx 函数识别语音，并显示文字信息
12.    print(R.recognize_sphinx(Audio,language="zh-cn"))
```

习题

1. 什么是语音识别？
2. 简述语音识别的工作原理。
3. 简述语音编码和解码原理。
4. 简述语音识别实现方式的分类。
5. 试一试寻找生活中语音识别的案例，并用语音识别原理分析其识别过程。

第 13 章

无人驾驶——免费代驾

13.1 认识无人驾驶车

无人驾驶车是人工智能的重要应用场景。图 13.1 所示为物流使用的无人车及无人驾驶小轿车。

图 13.1 物流使用的无人车及无人驾驶小轿车

简单地说，无人驾驶车是一种依靠车内的各种传感器和计算机系统来实现自动驾驶的交通工具。

详细地说，无人驾驶车通过机器学习方法、传感器技术、GPS 等技术进行实时感知周边物体(包括小车、行人、动物及交通标志等)、实时检测路况、规划路径等操作，从而实现对车辆灯光、车速、方向的实时控制。

13.2 无人驾驶系统的基本结构

人类驾驶时使用眼睛等感觉器官感知路况，规划路线，做出决策，手脚执行动作，各部位协同配合完成驾驶任务。

无人驾驶车的驾驶方式是模拟人类的驾驶行为和习惯。无人驾驶系统采用三层架构模式，包括无人驾驶感知层、无人驾驶决策层及无人驾驶执行层，不同层级相互配合，从而实现无人驾驶，详细情况如图 13.2 所示。

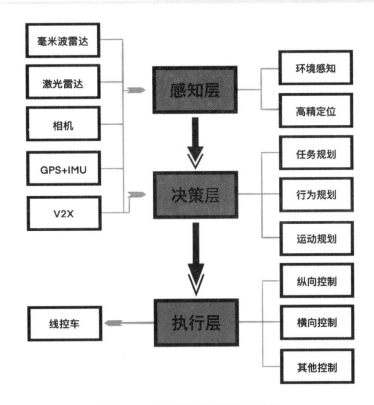

图 13.2　无人驾驶系统的基本结构

13.2.1　无人驾驶感知层

在无人驾驶系统中，感知系统就相当于人类的眼睛、耳朵等感觉器官，通过机器学习方法和传感器技术来实时感知车辆周围环境的变化。

无人驾驶感知层要用到多种传感器，包括高清摄像头、卫星定位技术、激光雷达、超声波传感器、测距传感器、毫米波雷达、惯性测量单元(IMU)等传感设备，如图 13.3 所示。

其中，前置高清摄像头用于获取图像或视频，是图像识别功能的主要输入设备，支持画面同步传输功能，可以采用计算机视觉技术对采集到的小车、行人、交通标志、地形等物体进行检测和识别，如图 13.4 所示。

激光雷达是利用发射激光束来探测被测目标的位置、速度、距离等特征量。车载激光雷达一般采用多个激光发射器和接收器来建立三维点云图，从而达到实时检测三维环境的目的。无人驾驶车与车顶激光雷达示意图如图 13.5 所示。

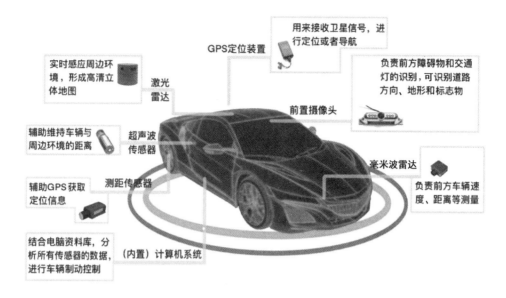

图 13.3　无人驾驶感知层示意图

图 13.4　实时监控路况图

GPS 定位设备是通过卫星技术迅速准确地确定用户或无人驾驶车在地球上所处的位置、海拔高度，以及规划行驶路线等。

图 13.5　无人驾驶车与车顶激光雷达示意图

13.2.2　无人驾驶决策层

在无人驾驶系统中，决策层是无人驾驶车的大脑，可以像人类驾驶员一样做出路线规划、灯光控制、车速控制及转向幅度控制等决策方案。

无人驾驶车在做决策时，需要回答以下几个问题：

(1) 我在哪里？

(2) 周边环境如何？

(3) 接下来会发生什么？我该做什么？

决策层对无人驾驶意义重大，具体来说分为如下两步。

(1) 认知理解。

根据感知层获取的信息，对车辆自身的精确定位和车辆周围环境能准确理解。

(2) 决策规划。

决策规划是对接下来可能发生的情况能准确预测，对下一步行动可以准确判断并做出规划，进而选择合理的行动、路线以达成驾驶目标。

13.2.3　无人驾驶执行层

在无人驾驶系统中，执行层根据无人驾驶决策层做出的决策方案对车辆进行灯光、行驶速度、转向幅度等控制。

无人驾驶车的各个操控系统都需要通过总线与决策系统相连，并能够按照决策系统发出的决策指令精确地控制加速度、制动程度、转向幅度、灯光等驾驶操作，以达到车辆自动驾驶的目的。

相对于传统燃油车，电动车更适合作为自动驾驶汽车。执行层是自动驾驶的手和脚，分为纵向控制(X 轴)和横向控制(Y 轴)两大部分。纵向控制及横向控制装置如图 13.6 所示。

1) 纵向控制

纵向控制也叫车速控制，即对油门、刹车等进行控制，详细地说，纵向控制包括驱动控制与制动控制，通过对电机、发动机、传动和制动系统的控制来实现。

2) 横向控制

横向控制也叫方向控制，通过方向控制使汽车自动按照期望的或规划好的行车路线行驶。

图 13.6　纵向控制及横向控制装置图

13.3　无人驾驶分级

据预测，在未来的 10 年，我们将看到大约 800 辆 3 级及以上的无人驾驶车在路上行驶，这些无人驾驶车或半无人驾驶车必须通过 6 个无人驾驶等级，才能在相应的限制条件下上路行驶。

美国汽车工程师学会(SAE)定义了 6 个自动驾驶等级——从 0 级"完全手动"到 5 级"完全自动"，如图 13.7 所示，这个分类方法已经被美国交通部采纳。

13.3.1　0 级——应急辅助

在 0 级阶段，主要用的是被动安全系统中的监测和预警功能。驾驶员掌握驾驶权，无人驾驶系统不能对车辆横向(左右方向)或纵向(加减速)进行控制。

辅助功能：具备一定的路况识别和反应能力，比如，能够在危险出现的时候提醒驾驶员。

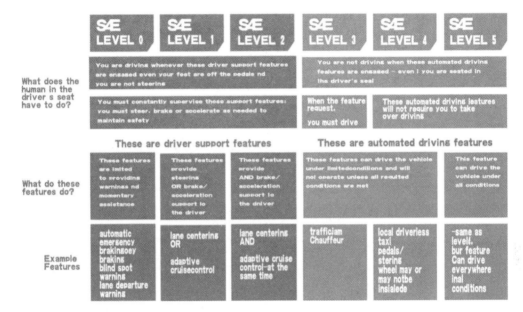

图 13.7　自动驾驶 0~5 级分布图

13.3.2　1 级——部分驾驶辅助

1 级与 0 级自动驾驶的相同点：1 级自动驾驶汽车和 0 级自动驾驶汽车一样，都属于有限制条件的自动驾驶，且当汽车出现故障时都需要人类驾驶员来控制车辆。

1 级与 0 级自动驾驶的不同之处：1 级自动驾驶汽车的自动化系统能够在人类驾驶员的协助下，对车辆的方向或加减速进行控制，换言之，1 级自动驾驶具备自适应巡航控制或者车道保持辅助功能。

13.3.3　2 级——组合驾驶辅助

在自动驾驶系统所规定的运行条件下，车辆本身能够控制汽车的转向和加减速运动，拥有多项操作权，但还是由司机主导。当汽车出现故障时，人类驾驶员将负责执行汽车的驾驶任务。

和 1 级自动驾驶相比，2 级自动驾驶拥有智能巡航控制功能，即同时具备自适应巡航控制功能和车道保持辅助功能。

13.3.4　3 级——交通拥堵辅助

交通拥堵辅助功能在特定的情况下允许驾驶员脱手、离眼驾驶。在早高峰拥堵时，如果你开的是一辆能够自动驾驶的汽车，那绝对要省心不少，最起码不用刹车、油门来回踩，双手握着方向盘到发酸。

13.3.5　4 级——高级自动驾驶

4 级自动驾驶汽车仍属于有限制条件的自动驾驶，但是汽车的方向和加减速控制，路况观测和反应，以及汽车故障时的接管任务都能够由自动驾驶系统完成，无须人类驾驶员参与。由于立法和基础设施发展欠缺，4 级无人驾驶汽车只能在限定区域行驶(通常是在城市路况，最高平均速度达 30 千米/小时)。

13.3.6　5 级——完全自动驾驶

5 级自动驾驶汽车和 4 级自动驾驶汽车能够实现的基本功能相同，但 5 级自动驾驶汽车不再有运行条件的限制(商业和法规因素等限制除外)，同时自动驾驶系统能够独立完成所有的操作和决策。

5 级完全自动驾驶的汽车正在世界各地的多个试点进行测试，但尚未向公众供应。

13.4　无人驾驶核心技术

无人驾驶技术涉及多个学科的综合领域，包含感知技术、决策技术、定位技术、通信安全技术及人机交互技术等五大技术。

13.4.1　感知技术

和人类的眼睛一样，无人驾驶车也有自己的眼睛，用来识别无人驾驶车周边的机动车、行人、交通标志、障碍物等道路情况。

眼球是眼睛的主要组成部分，人类通过调节眼球晶状体的弯曲程度来改变晶状体焦距，获得实像。那么无人驾驶车的眼睛是什么呢？答案是传感器，包括高清摄像头、激光雷达、毫米波雷达、红外传感器、超声波等。

(1) 最常用的传感器是摄像头，它几乎被所有开发者采用。摄像头和人类的眼睛功能最接近，可以看清有颜色的交通标志、红绿灯等物体。但是缺点也不少，比如，在夜晚或恶劣的天气下视力会严重下降，也不擅长远距离观察。

(2) 激光雷达一般安装在车顶，像是一顶不停旋转的帽子。激光雷达的工作原理很简单，就是通过计算激光束的反射时间和波长，完成绘制周边障碍物的 3D 图。

(3) 毫米波雷达也起到了非常重要的作用，它虽然具有无法识别高度、分辨率不高、难以成像等缺点，但凭借其穿透尘雾、雨雪的硬本领，仍站有一席之地。

这么多只传感器眼睛你要优先选择相信谁？我们可以根据不同传感器眼睛的优缺点来综合评判信息的准确度，从而获得更可靠的检测结果。传感器融合的另一个优点是换来一定程度的冗余，即便某只眼睛暂时失明，也不会影响它安全前行。

13.4.2　决策技术

无人驾驶车通过传感器获得了周边环境信息，那么接下来就要充分利用这些环境信息进行分析，决定自己该如何走下一步。要完成这项任务的就是最强大脑。

跟人类大脑一样，无人驾驶车也需要积累一定的知识和经验才能顺利驾驶。完成大脑中知识和经验积累的方式有两种：专家规则式和人工智能式。

1) 专家规则式

专家规则式是指无人驾驶车必须遵守提前制定好的规则才可以做出某些决策。比如，当准备超车变道时，需要满足以下条件：

(1) 道路半径大于 $500R$(弯道不变道)；

(2) 与目标车道上的前后车的距离都在 20m 以上；

(3) 比目标车道上后车的车速慢不超过 4km/h。

当以上三个条件同时满足时，即可超车变道。

2) 人工智能式

人工智能式是模仿人类的大脑，通过机器学习方法对场景进行分析和理解，或通过强化学习算法积累大量的犯错经验和最佳决策方法。与专家规则式方法相比，人工智能式积累知识库可以让无人驾驶车更加灵活地应付实际的行车路况。

13.4.3　定位技术

定位技术是无人驾驶车路线规划、路线导航的核心技术。无人驾驶车只有知道自己在哪里，才能知道自己要从哪里去哪里，从而规划最佳行驶路线。

如今，除了全球卫星导航系统外，还可以在公路上铺设电磁诱导线等来实现位置定位。

目前，高精度 GPS 定位最大的瓶颈是：在偏远山区和隧道里，GPS 容易丢失信号，如果丢失信号时间过长，那么累计的位置误差会比较大。

另外，无人驾驶专用的 3D 动态高清地图给无人驾驶带来了更多可能性。有了高清地图，我们就可以将自己的位置轻松准确地定位在车道上。

13.4.4 通信安全技术

假如无人驾驶车存在通信安全问题，被黑客入侵，控制了你的无人驾驶车，它不仅可以监听到你的秘密谈话，还很可能成为杀人工具。黑客可以通过影响传感器的数据而影响决策，或直接介入判断机制进而影响行驶轨道。

无人驾驶车与基础设施之间的所有通信安全问题至关重要，主要包括：①车辆与车辆之间通信；②车辆与行人之间通信；③车辆与交通基础设施之间通信；④车辆与网络之间通信等。

为了提高通信的安全性，在无人驾驶车与其他设施通信的时候，需要对用户的身份进行验证，对数据进行加密。

13.4.5 人机交互技术

我们对无人驾驶的印象大多是不需要人们的干涉，它就能把我们送到任何想去的地方，但是很遗憾，目前无人驾驶系统还做不到这一点。

当无人驾驶车遇到驾驭不了的复杂场景时，便会呼唤你接替它的工作。这时，人机界面(HMI)就发挥作用了。它的作用是以最直观、最便捷的方式通知我们，提醒驾驶员尽快关注无人驾驶车行驶情况。

此外，人机交互技术通过观察、分析驾驶员的面部表情和动作，判断其困倦状态，并通过给驾驶员提供感兴趣的话题等方式予以提醒，也是人机交互多样化发展的一个例子。而且人机交互技术不仅局限于和车内人的互动，也可以与路上行人进行互动，表达让行等意愿。

13.5 案例 1——百度无人驾驶车 Apollo RT6

从 2013 年开始，百度公司开始研究无人驾驶汽车项目，经历数年，百度的阿波龙(Apollo)无人驾驶车慢慢走进大家的视野。

2018 年 10 月，第一台阿波龙无人驾驶小巴研发成功，并进入武汉市武汉开发区龙灵山公园。

2019 年 8 月，百度阿波龙第二代自动驾驶接驳车率先亮相智博会的重庆礼嘉智慧体验园，承担游客接送等任务。

2021 年 2 月，广州黄埔区与百度 Apollo 联手打造的全球首个服务多元出行的自动驾驶 MaaS(出行即服务)平台首次亮相，开放五种自动驾驶车型为市民提供便利。

2022 年 7 月，百度发布第六代无人车——Apollo RT6，其具备在城市复杂路况中的无人驾驶能力，成本仅为 25 万元，创造了量产无人车成本新低的纪录。

13.5.1 Apollo RT6 无人驾驶车工作原理

和国外的自动驾驶车相比，Apollo RT6 无人驾驶车最大的特点在于自身可以智能感知周围环境并做出相应的精确反应，最终完成自动到达目的地的使命。Apollo RT6 无人驾驶车完成无人驾驶行为，需要经过高精定位、智能感知、决策规划、执行控制四个步骤，如图 13.8 所示。

图 13.8 百度 Apollo RT6 无人驾驶汽车工作原理示意图

13.5.2 Apollo RT6 无人驾驶车整车全冗余系统技术

作为 Apollo 最新一代无人驾驶系统，Apollo RT6 具备更强的 4 级——高级自动驾驶能力，全车配备了 38 个车外传感器，包含 8 个激光雷达、6 个毫米波雷达、12 个超声波雷达、12 个摄像头等设备。百度 Apollo RT6 无人驾驶汽车如图 13.9 所示。

图 13.9 百度 Apollo RT6 无人驾驶汽车

为了支撑这些传感器设备，百度 Apollo RT6 提升了算力水平，匹配算力达到 1 200tops(Tera Operations Per Second，处理器运算能力单位)。在多传感器融合、高计算力的背后，百度的核心目标是真正实现无人驾驶车量产。

为了保证整车安全，Apollo RT6 主要从硬件和软件两个层面来实现整车全冗余。

(1) 硬件方面有七重全冗余整车系统，包括架构冗余、传感器冗余、计算单元冗余、制动系统冗余、转向系统冗余、电源冗余及行业首创的双 5G 通信冗余。

(2) 软件方面搭载了整车+自动驾驶系统一体的故障诊断及风险降级体系。

13.5.3 Apollo 星河平台技术

为了实现完全无人驾驶，百度 Apollo 团队深入无人驾驶平台架构研究并开发出星河平台。星河平台整体框架如图 13.10 所示。

星河平台核心理念是 AI 技术、无人驾驶技术和车辆工程相结合，不仅是车身底盘、线控架构等，还包括与之匹配的自动驾驶套件、域控制器等。

在不久的将来，基于星河平台，百度可以快速开发出面向不同场景、满足不同用户需求的无人驾驶车。

Apollo RT6 是在星河平台架构下开发的第一款车型。从 2021 年年初组建团队至今，历时一年多时间，百度打造完成专门为国内 Robotaxi(百度自动驾驶出租车队)网络正向设计研发的车型 Apollo RT6。到 2025 年，百度的 Robotaxi 网络将覆盖中国的 65 个城市，计划有数万辆 Apollo RT6 为用户提供服务。

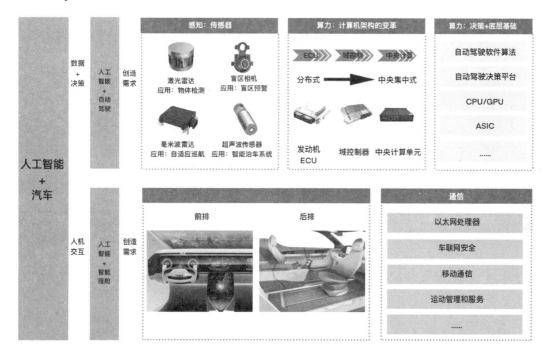

图 13.10　星河平台整体框架图

13.6　案例 2——采用 YOLO 算法检测小轿车

本节采用 YOLO 算法对美国加州大学伯克利分校 AI 实验室(BAIR)分享的开源视频数据集 BDD100K 部分数据集进行车辆检测实验。

13.6.1　YOLO 算法简介

YOLO(You Only Look Once)是目标检测的主流算法，即只需要看一次图像就可以识别出图像中的物体类别和位置信息。经过美国 UItralytics 公司的深入研究和不断更新，YOLO 算法已升级到 YOLOv8 版本，并于 2023 年 1 月 10 日发布，它可以完成图像分类、物体检测、实例分割等任务。

199

YOLO 算法也是基于监督学习算法，每张图像的监督信息是它所包含的每个物体的 5 个特征值，包括物体的中心位置(x,y)、高(h)、宽(w)及物体类别信息。

YOLO 算法的检测是基于整张图像的，并且会一次性输出所有检测到的目标类别、目标位置等信息。而在 YOLO 之前，常用的算法是先通过不同尺寸大小的窗口在图像上进行滑动，对每个物体进行检测和识别，通过设计不同大小的窗口，让这些窗口按照最小的步长滑动，把窗口里所有的图像放到分类器中一一进行检测。

YOLO 算法的工作原理如下。

第1步 分割图像。将图像分割为 $a×a$ 个格子(grid)，每个格子的大小尺寸都是相等的。

第2步 每个格子生成一个边界框(bounding box)。让 $a×a$ 个格子都检测出 B 个边界框，每个边界框都有 5 个特征值，分别为物体的中心位置 x 坐标值、y 坐标值、高(h)、宽(w)及这次预测的置信度。

每个格子有多个边界框，但只能识别出一个物体，因此每个格子需要预测物体的类别，而边界框不需要。

详细地说，我们现有 $a×a$ 个格子，每个格子有 B 个边界框，如果分类器可以识别出 A 种不同物体，那么整个图像的真实数据(ground truth)为 $a×a×(B×5+A)$ 个。

图 13.11 和图 13.12 是一张 720 像素×1280 像素的图像，把其分成 6×6 的格子，每个小方格尺寸为 120×213，小车的尺寸为 121×142，展示了计算 x,y,w,h 的真实数据的过程。

图 13.11　YOLO 划分格子、检测小车图(1)

ground truth 信息：

物体中心 X1 相对坐标=71/213=0.34；

物体中心 Y1 相对坐标=60/120=0.50；

物体的相对宽度 W1=142/1280=0.11

物体的相对高度 H1=121/720=0.17

置信度 P

图 13.12　YOLO 划分格子、检测小车图(2)

YOLO 算法检测小轿车的工作原理如图 13.13 所示。

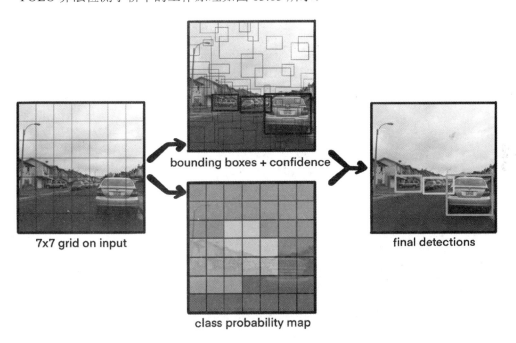

图 13.13　YOLO 算法检测小轿车原理图

13.6.2　BDD100K 数据集简介

2018 年，美国加州大学伯克利分校 AI 实验室发布了计算机视觉领域到目前为止规模最大、最多样化的开源视频数据集——BDD100K 数据集。

该数据集由 10 万个视频组成，每个视频大约长 40s，分辨率为 720P，帧速率为 30fps，总时长超过 1 100 小时。视频序列还包括 GPS 位置、IMU 数据和时间戳，视频带有由手机记录的 GPS/IMU 信息，以显示粗略的驾驶轨迹。这些视频来自美国不同地区、不同的天气状况、不同时间段的场景。该实验室还对每个视频第 10s 的关键视频帧进行采样，得到 10 万张图片(图片尺寸为 1280 像素×720 像素)，并对每张图片标注被检测对象中心 x 坐标、y 坐标、高度、宽度和置信度特征值。BDD 100K 数据集中的 12 张数据图如图 13.14 所示。

00c50078-6298b9c1.jpg

00c87627-b7f6f46c.jpg

00ca8821-17667a58.jpg

00ca8821-db8033d5.jpg

00cb28b9-08a22af7.jpg

00ccf2e8-59a6bfc9.jpg

00ccf2e8-ac055be6.jpg

00ccf2e8-f8c69860.jpg

00ce6f6d-50bbee62.jpg

图 13.14　BDD100K 数据集中的 12 张数据图

表 13.1 显示了 BDD100K 数据集和当前主流数据集的对比结果。

表 13.1 BDD100K 数据集和当前主流数据集的对比

特 点	样 本 集				
	KITTI	CityScapes	ApolloScape	Mapillart	BDD100K
序列数	22	50	4	N/A	100 000
图像数	14 999	7 000	143 906	25 000	120 000 000
是否覆盖多个城市	No	Yes	No	Yes	Yes
是否涉及不同天气	No	No	No	Yes	Yes
是否涉及多个时间段	No	No	No	Yes	Yes
是否覆盖多个场景	Yes	No	No	Yes	Yes

13.6.3 YOLO 算法检测小车案例

考虑到该数据集数据量巨大、需要较高的电脑配置等因素，特从该数据集中选取 1 000 张图像数据，按照 7∶2∶1 的比例进行训练、验证和测试实验。其中，700 张图像数据作为训练数据集，200 张图像数据作为验证数据集，100 张图像数据作为测试样本集。YOLO 夜晚场景小车检测实景如图 13.15 所示。

图 13.15 YOLO 夜晚场景小车检测实景图

小车检测详细步骤如下。

第1步 随机选取 1 000 张图像数据，分配 700 张图像作为训练数据集，选取 200 张图像作为验证数据集，剩下 100 张图像作为测试样本集。

第2步 对 700 张图像数据进行训练，训练出合理的小车检测模型。小车训练代码见附录 B 中的参考代码 13-1。

第3步 采用第 2 步训练出的小车检测模型对 100 个测试样本进行测试。小车检测代码见附录 B 中的参考代码 13-2。

BDD 100K 小车检测效果评价如图 13.16 所示。

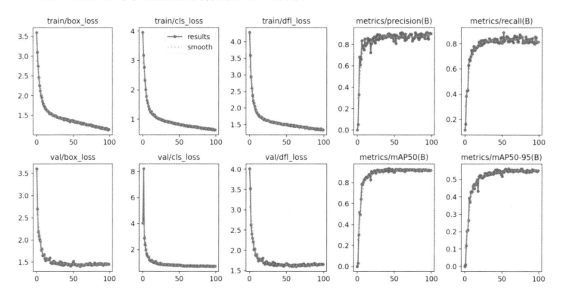

图 13.16　BDD100K 小车检测效果评价

习题

1. 什么是无人驾驶？无人驾驶有哪些优点？
2. 简述无人驾驶的运作原理。
3. 简述无人驾驶感知层、决策层的工作原理。
4. 简述无人驾驶的分级。
5. 简述无人驾驶的核心技术。
6. 试一试运用无人驾驶知识分析特斯拉无人驾驶车所用到的人工智能技术。

第 14 章

聊天机器人——
成为您的好助手

ChatGPT 是聊天机器人最成功的案例，它是由美国 OpenAI 公司研发的聊天机器人程序，并于 2022 年 11 月 30 日发布。ChatGPT 是人类历史上最快一个月使用人数过亿的软件，是目前最强的人工智能产品，其智能方面的表现已经超过绝大多数人类。ChatGPT 是人工智能技术驱动的自然语言处理工具，它能够通过理解和学习人类的语言来进行聊天对话。

14.1　ChatGPT 的用途

ChatGPT 应用广泛，使用 ChatGPT 可以写论文、演讲稿、求职信、总结报告、商业策划书，生成代码、图片、视频、音频，以及进行数据分析等。每个人都可以免费拥有一个通晓人类已有知识的老师，都可以从 ChatGPT 带来的技术进步中受益。

在育儿方面，父母可以通过 ChatGPT 了解儿童饮食、健康、教育等方面的知识。

在职场方面，公司员工可以通过 ChatGPT 写文档，制作演讲稿，进行数据分析，从而提高工作效率。

在媒体方面，媒体人可以通过 ChatGPT 写大纲、文案，从而提升媒体宣传效果。

在文秘方面，办公文秘可以通过 ChatGPT 制作文档，写公文、报告，从而提高写作能力及质量。

在学生学习方面，学生可以通过 ChatGPT 学习知识，讨论学习方法，消化难题，从而提高学习效率。

在老人学习方面，老年人可以通过 ChatGPT 学习新事物、新技术、新思想，从而提高老年人的晚年生活幸福指数。

14.2　ChatGPT 的基本工作原理

ChatGPT 是一种基于人工智能技术的自然语言生成模型的应用场景，它能够从判断的已标记的数据和历史对话中学习，构建一个深度学习模型，然后生成与人类语言相似的文本、图像、视频、音频等。ChatGPT 的工作内容包括数据收集、数据预处理、数据模型建立、文本/图像/视频/音频生成、文本/图像/视频/音频输出等五大步骤，如图 14.1 所示。

14.2.1　数据收集

ChatGPT 通过不同渠道或网络媒体收集大量的文本数据，也会分析网络上的热点话题、主流文化和行业术语等相关问题，以了解最新的表达方式。

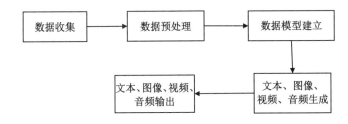

图 14.1　ChatGPT 基本工作原理示意图

14.2.2　数据预处理

ChatGPT 会对收集到的大量文本数据进行数据预处理，包括分词、取出停用词、翻译等。这个过程可以帮助模型更好地理解输入的文本，并提高生成的文本质量。

14.2.3　数据模型建立

经过数据预处理后，ChatGPT 会对数据进行训练，从而生成一个深度学习模型。ChatGPT 的训练过程包括获得 SFT 模型、训练奖励模型、训练优化三个阶段，不断重复第二、三个阶段，可以迭代训练出更高质量的 ChatGPT 模型。

1. 获得 SFT 模型阶段

在数据集中随机抽取问题，由人工进行信息标注，给出高质量答案，然后用这些人工标注好的数据微调 GPT3.5 模型，获得 SFT(Supervised Fine-Tuning)模型。此时的 SFT 模型在遵循指令、对话方面已经优于 GPT3.5 模型。

2. 训练奖励模型阶段

训练奖励模型阶段的主要工作是通过人工标注训练数据(约 3 万个数据)来训练回报模型。

(1) 在数据集中随机抽取问题，使用第一个阶段生成的模型，对于每个问题生成多个不同的回答。人类标注者对这些结果综合考虑给出排名顺序。

(2) 使用这个排序结果数据来训练奖励模型。对多个排序结果，两两组合，形成多个训练数据对，RM 模型(Reward Model)接收一个输入，给出评价回答质量的分数。这样，对于一对训练数据，调节参数使高质量回答的打分比低质量回答的打分要高。

3. 训练优化阶段

训练优化阶段采用 PPO(Proximal Policy Optimization)强化学习模型来优化训练策略。

PPO 模型的核心思路是：将 Policy Gradient 中 On-policy 的训练过程转化为 Off-policy，即将在线学习转化为离线学习，利用第二个阶段训练好的奖励模型，靠奖励打分来更新预训练模型参数。在数据集中随机抽取问题，使用 PPO 模型生成回答，并用上一个阶段训练好的 RM 模型给出质量分数，将回报分数依次传递，由此产生策略梯度，通过强化学习的方式来更新 PPO 模型参数。

ChatGPT 模型的训练过程如图 14.2 所示。

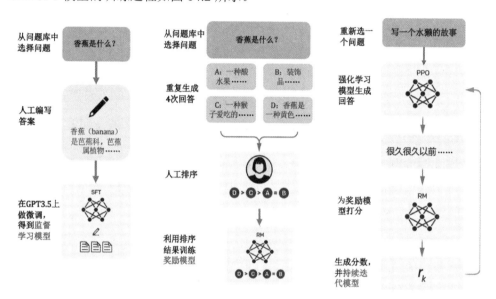

图 14.2　ChatGPT 模型的训练过程

14.2.4　文本、图像、视频、音频生成

一旦建立深度学习模型后，ChatGPT 就可以生成与人类语言相似的文本、图像、视频及音频。它使用的是一种称为 Transformer 的深度学习框架，该框架能够学习从输入文本到输出文本、图像、视频、音频的映射关系。

14.2.5　文本、图像、视频、音频多模态输出

ChatGPT 的生成文本、图像、视频、音频输出后，还需要进行一系列的输出控制，包括语法、语义、情感、风俗习惯等方面，以确保生成的文本、图像、视频、音频符合人类语言习惯。

14.3　ChatGPT 应用案例

ChatGPT 功能强大，深受大家的喜爱。ChatGPT 可以根据事物或事情的属性、特点等文字描述，生成内容丰富又符合大众口味的相应的文字、图像、视频及音频等媒体元素。

14.3.1　案例 1——ChatGPT 文生文

ChatGPT 文生文可以通过文字生成相对应的文本。例如，如果输入"写一篇关于'冬天的雪'的文章，300 个字"，几秒就能生成一篇关于"冬天的雪"的中文文章；如果输入"再写一个关于'人工智能'的概述，300 个字，翻译成英文"，几秒就能生成一篇关于人工智能概述的英文文章，如图 14.3 所示。

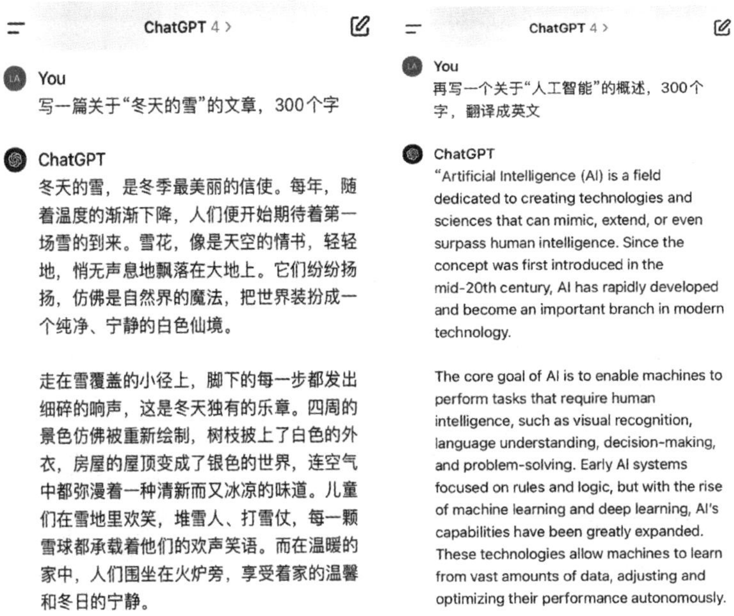

图 14.3　ChatGPT 4.0 文生文示例

14.3.2　案例 2——ChatGPT 文生图

使用 ChatGPT 的 Dall.E 功能，凭借对人的相貌、姿态、衣着、服饰等文字描述，可以生成与文字描述相对应的图像。

生成场景 1：

利用 ChatGPT 4.0 软件的 Dall.E 功能，按照如下文字描述："淳朴善良、苗条好看、年龄 20 来岁的外国农村少女"，立马生成与描述相对应的图像，如图 14.4 所示。

图 14.4　ChatGPT 4.0 生成对应外国少女图

生成场景 2：

利用 ChatGPT 4.0 软件的 Dall.E 功能输入如下文字："淳朴善良、苗条好看、年龄 20 来岁的不同角度的中国农村少女"，立马生成相对应的图像，如图 14.5 所示。

图 14.5　ChatGPT 4.0 生成对应中国少女图

生成场景 3：

在场景 2 的基础上，增加如下文字描述："不戴/戴上香奈儿项链，拿着/不拿苹果手机的美女图"，立马生成与文字描述相对应的图像，如图 14.6 所示。

图 14.6   ChatGPT 4.0 生成对应不同着装的少女图

14.3.3   案例 3——基于 Transformer 的生成式对话模型

ChatGPT 是一个基于 Transformer 的生成式对话模型,Transformer 是一种用于序列建模的神经网络结构,在自然语言处理领域中表现优异。与传统的循环神经网络相比,Transformer 不需要考虑输入序列的顺序,因此可以并行处理输入序列。Transformer 由编码器和解码器两部分组成。编码器将输入序列转换为连续的向量表示,解码器将该向量表示转换为输出序列。

ChatGPT 的架构是一个单向的 Transformer 解码器,它接收一个 token 序列作为输入,并生成一个与之对应的 token 序列作为输出。该模型使用了多层 Transformer 结构,每一层都包含一个自注意力机制和一个前馈神经网络。自注意力机制可以让模型关注输入序列中不同位置的信息,从而更好地建模序列之间的关系。

我们可以使用 Python 实现 ChatGPT 模型,首先需要下载预训练模型。OpenAI 公司提供了多个版本的预训练模型,我们可以选择其中一个进行下载。

第 1 步 下载 GPT2 模型参考代码 14.1。

```
01.  import torch
02.  from transformers import GPT2Tokenizer, GPT2LMHeadModel
03.  tokenizer = GPT2Tokenizer.from_pretrained('gpt2')
04.  model = GPT2LMHeadModel.from_pretrained('gpt2')
```

第 2 步 我们可以使用该模型生成回答。我们需要提供一个问题作为输入,并使用模型生成对应的回答。例如，对于问题"你好，今天天气如何？"的参考代码 14.2 如下。

```
01.   input_text = "你好，今天天气如何？"
02.   input_ids = tokenizer.encode(input_text, return_tensors='pt')
03.   output=model.generate(input_ids, max_length=50, do_sample=True)
04.   output_text=tokenizer.decode(output[0],skip_special_tokens=True)
05.   print(output_text)
```

第3步 运行该程序，我们将得到一个随机的回复信息，输出的结果可能因为模型随机性不同而有所不同。最后，通过 ChatGPT 生成如下聊天内容：今天阳光明媚，要不要去锻炼呀？

14.4　文心一言——中国的 ChatGPT

文心一言(Ernie Bot)是一款类似于 ChatGPT 的聊天机器人，是基于文心大模型技术生成的聊天产品，由百度公司于 2023 年 8 月 31 日率先向全社会全面开放。

文心一言的底层技术基础是文心大模型；文心一言的底层逻辑是通过百度智能云提供服务，吸引大量的企业和客户共同搭建人工智能模型。

文心一言的快速发展得益于飞桨产业级深度学习开源开放平台和文心大模型的互相促进，通过飞桨端到端自适应混合并行训练，以及压缩、推理、服务部署协同优化，文心大模型训练速度达到原来的 3 倍，推理速度达到原来的 30 多倍。

14.4.1　文心大模型

文心大模型是文心一言的基础模型，也是飞桨产业级开源深度学习平台中的基础模型库，它包括自然语言处理大模型、视觉大模型、跨模态大模型、生物计算大模型及行业大模型。文心产业级知识增强大模型如表 14.1 所示。

文心一言采用有监督精调、强化学习等技术，从数万亿数据中学习训练得到文心大模型。2022 年，文心大模型新增 11 个大模型，总量扩充至 36 个，涵盖电力、燃气、金融、航天、传媒、城市、影视、制造、社科等领域，构建了业界规模最大的产业大模型体系；2023 年 6 月，百度文心大模型 3.5 版本已内测可用；2023 年 10 月 17 日，文心大模型 4.0 版本正式发布。

表 14.1　文心产业级知识增强大模型

工具平台	数据标注 与处理	大模型精调	大模型 压缩	高性能 部署	场景化 工具
文 心 大 模 型	行业大模型				
	自然语言处理		视觉	跨模态	生物计算
	文心一言		图像表征学	文档智能	化合物特征学习
	对话	搜索	多任务视觉表征学	文图生成	蛋白质结构预测
	跨语言	代码	视觉处理多任务学习	自监督视觉表征学习	单序蛋白质结构预测
	语言理解和生成				
	Ernie 3.0 Ernie 4.0	鹏程 百度文心		视觉 语言 / 语音 语言	

14.4.2　飞桨产业级深度学习平台

飞桨深度学习平台(PaddlePaddle)是以百度多年研究的深度学习技术为基础研发的产业级深度学习平台，也是中国第一个自主研发、功能丰富、开源开放的产业级深度学习平台，于 2016 年正式开源。截至 2023 年 8 月 16 日，飞桨深度学习平台已有 800 万开发者，基于飞桨平台创建了 80 多万个模型，服务 22 万家企事业单位，产学研用紧密协同，培养 AI 人才超 200 万人，已广泛应用于林业、工业、农业、金融行业、零售业、交通业、制造业、房地产业等领域，如图 14.7 所示。

飞桨产业级深度学习开源开放平台包含核心框架、基础模型库、端到端开发套件与工具等组件。飞桨深度学习平台组件使用场景如图 14.8 所示。

1) 辅助工具介绍

(1) AutoDL：飞桨自动化深度学习工具自动搜索最优的网络结构与超参数，实现网络结构设计。

(2) VisualDL：飞桨可视化分析工具，以丰富的图表呈现训练参数变化趋势、模型结构、样本数据、高维数据分布、精度召回曲线等模型关键信息，帮助用户清晰直观地理解深度学习模型训练过程及模型结构，启发优化思路。

(3) PaddleFL：飞桨联邦学习框架，通过 PaddleFL 复制和比较不同的联邦学习算法，实现大规模分布式集群部署，并且提供丰富的横向和纵向联邦学习策略，以及其在计算机视觉、自然语言处理、推荐算法等领域的应用。

图 14.7　飞桨深度学习平台在各领域中的应用

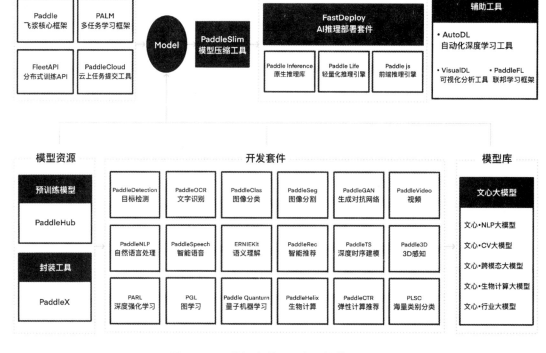

图 14.8　飞桨深度学习平台组件使用场景

2) 产业级开源模型库

飞桨提供了产业级开源模型库，覆盖计算机视觉(PaddleCV)、自然语言处理(PaddleNLP)、推荐(PaddleRec)、语音(PaddleSpeech)四大应用领域，包含经过产业实践长期打磨的主流模型及在国际竞赛中的夺冠模型。

(1) 预训练模型和封装工具：通过低代码形式支持企业 POC 快速验证，快速实现深度学习算法开发及产业部署。

① PaddleHub：飞桨预训练模型应用工具，提供超过 350 个预训练模型，覆盖文本、图像、视频、语音四大领域。模型即软件，通过 Python API 或者命令行工具，一行代码完成预训练模型的预测。

② PaddleX：飞桨全流程开发工具，以低代码的形式支持开发者快速实现深度学习算法开发及产业部署，提供极简 Python API 和可视化界面 Demo 两种开发模式，可一键安装。

(2) 开发套件：针对具体的应用场景提供了全套的研发工具，例如，在图像检测场景不仅提供了预训练模型，还提供了数据增强等工具。开发套件覆盖计算机视觉、自然语言处理、语音、推荐四大主流领域。

① PaddleClas：飞桨图像分类开发套件，提供通用图像识别系统 PP-ShiTu，可高效实现高精度车辆、商品等多种识别任务；同时提供 37 个系列 213 个高性能图像分类预训练模型，其中包括 10 万个分类预训练模型、PP-LCNet 等明星模型，以及 SSLD 知识蒸馏等先进算法优化策略，可被广泛应用于高阶视觉任务，辅助产业及科研领域快速解决多类别、高相似度、小样本等业界难点。

② PaddleDetection：飞桨目标检测开发套件，内置 190 个主流目标检测、实例分割、跟踪、关键点检测算法，其中包括服务器端和移动端产业级 SOTA 模型、冠军方案和学术前沿算法，并提供配置化的网络模块组件、10 余种数据增强策略和损失函数等高阶优化支持及多种部署方案，在打通数据处理、模型开发、训练、压缩、部署全流程的基础上，提供丰富的案例及教程，加速算法产业落地应用。

③ PaddleSeg：飞桨图像分割套件，提供语义分割、交互式分割、全景分割、Matting 四大图像分割能力，涵盖 30 多个主流分割网络、80 多个高质量预训练模型。通过模块化的设计，提供了配置化驱动和 API 调用两种应用方式，帮助开发者更便捷地完成从训练到部署的全流程图像分割应用，被广泛应用在自动驾驶、遥感、医疗、质检、巡检、互联网娱乐等行业。

④ PaddleOCR：飞桨文字识别开发套件，旨在打造一套丰富、领先且实用的 OCR 工具库，开源了基于 PP-OCRv2 的实用超轻量中英文 OCR 模型、通用中英文 OCR 模型，以及

包含德、法、日、韩等 80 多种语言的 OCR 模型，并提供上述模型训练方法和多种预测部署方式。同时开源文本风格数据合成工具 Style-Text 和半自动文本图像标注工具 PPOCRLabel，目前已经成为全球知名的 OCR 开源项目。

总之，在上述几种模型工具中，PaddleHub 的使用最为简易，二次研发模型源代码的灵活性最好。

14.4.3　文心一言的功能

文心一言是人工智能的重要应用场景，其主要功能包括文学作品创作、商业文案写作、数理逻辑推理、中文理解、多模态生成等。文心一言 App 主界面及故事创作示例如图 14.9 所示。

图 14.9　文心一言 App 主界面及故事创作示例

1. 文学作品创作

在文学创作方面，文心一言拥有强大的文学创作能力，它可以根据用户的需求生成相应的文学作品，具体包括故事、绘本、小说、诗歌、散文、古诗等多种体裁的文学作品。用户可以参考文心一言创作出的文学作品来提升自己的写作能力和完善自己的作品，从而提升文学作品的质量。此外，文心一言还能够根据用户的各种要求，生成短视频脚本，看图写故事，给文本润色，做知乎回答等。

2. 商业文案写作

在商业文案写作方面，文心一言具有高超的商业文案创作能力，能够根据用户的商业需求，生成各种商业文案，主要包括产品介绍、新闻稿、策划方案、营销方案、推广方案、年度总结报告、工作汇报、调研报告、美食探店等商业文案，如图14.10所示。

图 14.10　大学生心理健康调研报告及美食探店脚本生成文

3. 数理推理

在数理推理方面，文心一言具有强大的数理逻辑推理能力，能够解答数学、物理、SQL或 C++语言等问题，在罗列解题思路并得出正确答案的基础上，还能辨析题目本身是否正确，帮助用户理解逻辑推理问题，提高用户的思维分析和逻辑推理能力，如图 14.11 所示。

图 14.11　Prompt 生成 SQL 语句、C++代码示例

4. 中文理解

在中文理解方面，文心一言具有强大的理解能力，能够根据上下文准确地理解文中字、词、短语、句子、段落的意思，进行正确的语义分析和推理，帮助用户准确理解一篇文章的内容，如图 14.12 所示。

5. 多模态生成

文心一言除了能够生成文本外，还能根据用户提供的文字信息生成图片、视频、音频、方言等多种形式的媒体元素，如图 14.13 所示。

‹ 拆字解字 ›

> 舍得

这个汉字是"舍得"，读音为 shě dé。

部首：舍（shè）为舌上音，得（dé）为得字旁。

繁体字：舍得

由来：舍得这个词，从字面上看，是愿意和有得的意思。从更深的层次上理解，它代表了一种哲学观念，即有舍才能得。这个词语在佛教中也有所体现，佛教认为人生就像一场旅行，每个人都在寻找自己的归宿，在这个过程中，人们必须舍弃一些东西，才能得到另一些东西。

‹ 文言文翻译大师 ›

hi，我能帮你将文言文翻译成现代文。

先天下之忧而忧，后天下之乐而乐。

山不在高，有仙则名。水不在深，有龙则灵。斯是陋室，惟吾德馨。

17:26

> 先天下之忧而忧，后天下之乐而乐。

把国家、民族的利益摆在首位，为祖国的前途、命运担忧，为天下的人民幸福出力。

👍 👎 ↪

拆分解读：舍字，左边是一个人字旁，右边是一个舌字。人字旁代表着人类社会，舌字则代表着言语和沟通。结合起来，舍字意味着人们在社会中需要通过言语来沟通交流，愿意舍弃一些东西，才能得到另一些东西。得字，左边是一个贝字，代表着物质财富，右边是一个寸字，代表着尺度、限制。结合起来，得字意味着在获取物质财富的过程中，需要有一定的限制和尺度，才能真正得到财富。

图 14.12　文言文翻译、拆字解字示例

图 14.13　通过文字生成一匹千里马、一座小乡村

习题

1. 什么是聊天机器人？
2. 简述 ChatGPT 的工作原理。
3. 简述飞桨产业级深度学习平台。
4. 简述一下文心一言软件的主要功能。
5. 下载并安装文心一言 App，通过此软件生成一篇公司年终总结报告。

第 15 章

智能家居

15.1　智能家居的定义

智能家居(Smart Home)，又称电子住宅(Electronic Home，E -Home)，是指以居民住宅为中心，利用综合布线技术、物联网技术、安防技术、自动控制技术、人工智能技术把涉及家居生活的设施进行集成的一套智能化家居系统。

其中，安防技术、自动控制技术、人工智能技术是智能家居的核心技术，有了安防技术和人工智能技术，我们就可在室内或户外实行可视对讲、智能监控、家庭异常处理及防盗防火等操作。自动控制技术和人工智能技术可以实现设备智能控制、智能分析、异常处理等操作。

智能家居内的各种设备相互间可以通信，无须用户指挥也能根据不同的状态互动运行，从而给用户最大限度地带来高效、便利、舒适与安全的居家环境。

15.2　智能家居系统

一般来说，智能家居系统包括若干子系统，主要有家庭布线系统、家庭网络系统、中央控制系统、家居照明系统、多媒体系统、家庭安防系统、家庭环境控制系统、人工智能系统等八大系统，如图 15.1 所示。其中，中央控制系统、家居照明系统、家庭网络系统是智能家居的基础必备系统，家庭布线系统、多媒体系统为可选系统，人工智能系统是智能家居的关键系统。下面主要介绍家庭布线系统、家庭安防系统和人工智能系统。

15.2.1　家庭布线系统

家庭布线系统能支持语音、数据、网络、多媒体、家庭自动化设备、视频监控设备等多种应用产品的布线。

15.2.2　家庭安防系统

家庭安防系统主要涉及开/关门、异常处理、烟雾检测报警、燃气泄漏报警、破碎玻璃探测报警、人体红外感应等功能。

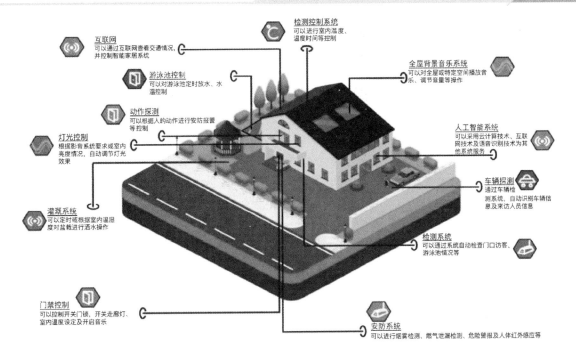

图 15.1　智能家居系统及其功能

15.2.3　人工智能系统

人工智能系统是智能家居系统的核心系统，而语音识别和云计算是人工智能系统的关键技术，通过语音识别和云计算技术可以轻松地控制智能家居设备。

1）云计算技术的应用

在 IFA2013 上，日本松下公司发布了基于云技术的住宅网络概念模型，该系统采用语音实现控制家电及住宅设备，其实现步骤如下。

第1步　将家电与设备通过互联网与云服务连接。

第2步　在客厅、卧室、厨房、厕所等空间的天花板上安装麦克风，将各个麦克风构成麦克风系统，并用麦克风系统收集用户的语音。

第3步　将麦克风收集的语音数据发送至云服务器上，在云上进行语音识别并确定控制顺序。

第4步　按照智能家居控制顺序对家电和住宅设备发送操作命令。

用户可以像与他人对话一样，操控家电及住宅设备。例如，把锅放在自来水龙头下并说出"放入 400mL 水"，水龙头就会自动流出指定的水量。

2) 语音识别技术应用

语音识别分为非特定人语音识别和特定人语音识别。

(1) 非特定人语音识别。

非特定人语音识别是指不用事先学习人的语音样本数据便能直接识别语音，但是识别准确率较低。非特定人语音识别系统一般采用 LD3320 语音识别芯片。非特定人语音识别技术实现步骤如下。

第1步 把 LD3320 语音识别芯片嵌入 STM32 或 ARM 中，实现语音采集。

第2步 通过语音识别芯片把采集到的语音信号进行频谱等分析，转换成对应的拼音字母。

第3步 将第 2 步识别出来的拼音字母与存储器中预设编号所对应的拼音相匹配，并实现此编号对应的设备功能。

(2) 特定人语音识别。

特定人语音识别是指采用机器学习算法对特定的人的语音进行训练，生成特定语音模型，从而进行语音识别。特定人语音识别系统须先把使用者的语音参考样本存入模型文件中作为语言对比的依据，识别准确率较高。特定人语音识的主要算法有人工神经网络、动态时间规整、隐马尔科夫模型、矢量量化技术等算法。

15.3 智能家居系统的功能

智能家居系统为广大人民群众提供了一个温馨、便利、安全的居住环境，其有五大功能：家庭安全防范功能、家庭环境控制功能、家庭家电控制功能、家庭多媒体控制功能和家庭信息智能处理功能，如表 15.1 所示。

表 15.1　智能家居系统功能一览表

序 号	功　能	功　能　说　明
1	家庭安全防范功能	防水、防火、防电、防天然气泄漏，紧急求助等
2	家庭环境控制功能	控制电灯开关，调节亮暗，控制窗帘拉起/打开，控制门窗开关、空调开关
3	家庭家电控制功能	控制电饭煲、微波炉、电风扇、热水器等开关及时间
4	家庭多媒体控制功能	控制影视、音乐播放及时间
5	家庭信息智能处理功能	进行小区信息、家庭信息的分析和处理

15.3.1 家庭安全防范功能

家庭安全防范功能可以实时监控用水、用电、用火、煤气泄漏、紧急呼救的发生。一旦出现警情，系统会自动向中心发出报警信息，同时启动相关电器进入应急联动状态，从而实现主动防范。

15.3.2 家庭环境控制功能

家庭环境控制功能包括灯光开关、照明场景设置、窗帘拉起/打开、门窗开关、空调开关等功能。

15.3.3 家庭家电控制功能

家庭家电控制功能可以通过网络、主动式传感器(如温度、声音、动作等)实现对家庭电器(如电饭煲、电压力锅、微波炉、热水器)进行开关、运行时间控制。

15.3.4 家庭多媒体控制功能

家庭多媒体控制功能包括对家中影像、音乐的控制等，为家人提供全方位家庭娱乐环境。

15.3.5 家庭信息智能处理功能

家庭信息智能处理功能可以对小区信息、家庭信息及家电信息进行数据挖掘、数据分析及智能处理。例如，可以实时把家庭信息反馈给物业公司，实时完成理财和消费服务功能。

此外，智能家居系统还可以通过服务器直接从制造商的服务网站上自动下载、更新驱动程序和诊断程序，实现智能化的故障自诊断、新功能自动扩展。

15.4 智能家居的主流品牌

近些年来，全球智能家居的主流品牌有 Control 4、Honeywell(霍尼韦尔)、米家、ABB智能家居、快思聪、法比奥、长城智能家居、海尔 U-home、上海索博、深圳波创、安居宝、厦门振威等。

15.4.1　Control 4

Control 4 成立于 2003 年 3 月，总部位于美国犹他州。Control 4 研发的行业创新的无线解决方案和简便易用的产品，在家庭娱乐、安防、能源管理、健康看护、社区信息交互等方面，使家庭生活变得更加便利与舒适。Control 4 智能家居系统操作界面如图 15.2 所示。

图 15.2　Control 4 智能家居系统操作界面

15.4.2　Honeywell

Honeywell 是一家营业额达 300 亿美元的多元化高科技和制造企业，在全球，其业务涉及楼宇、家庭和工业控制技术、汽车产品、涡轮增压器及特殊材料。Honeywell 公司总部位于美国新泽西州莫里斯镇。

Honeywell 的宗旨是增加舒适感，提高生产力，节省能源，保护环境，保障使用者生命财产安全，从而达到互利增长的目的，为全球的楼宇、工业、航天航空市场的客户服务。Honeywell 智能家居系统操作界面和智能家居产品如图 15.3、图 15.4 所示。

图 15.3　Honeywell 智能家居系统操作界面

图 15.4　Honeywell 智能家居产品图

15.4.3　米家

2016 年 3 月 29 日，小米在北京发布新的生态链品牌：Mijia，中文名为"米家"。米家专门承载小米供应链产品，而之前的小米品牌专门用于承载小米自有产品。米家 App 依托小米生态链体系，是小米生态链产品的控制中枢和电商平台，集设备操控、电商营销、场景分享于一体，是以智能硬件为主，提供涵盖硬件及家庭服务产品的用户智能生活整体解决方案。米家智能家居系统界面如图 15.5 所示。

图 15.5　米家智能家居系统界面

15.5　案例——Control 4 灯光智能控制系统

Control 4 是集家庭安全防范功能、环境控制功能、家电控制功能、多媒体控制功能、家庭信息智能处理功能于一体的智能家居控制系统,如图 15.6 所示。它采用 Composer 软件编译驱动程序(Lua 和 Xml 程序),然后用 Control 4 载入各个硬件的驱动,进行不同场景设计,就可以构建一套完善的智能家居系统。现以智能家居系统之灯光智能控制子系统为例进行说明。

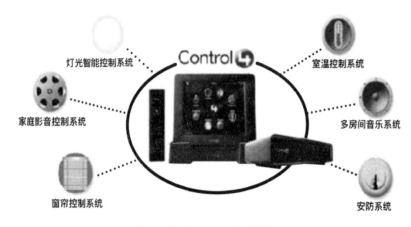

图 15.6　Conrol 4 家居系统

(1) 灯光智能控制主程序(Lua 代码)。

灯光控制系统有赖于灯光的驱动程序(以 Lua、Xml 程序为主)。其中,Lua 程序中含有亮度调节函数 OnLightConnectionCommand(idBinding, strCommand, tParams)、色温调节函数 OnLightTempCommand(idBinding, strCommand, tParams)、RGB 调节函数 SetRGBCommand (idBinding, strCommand, tParams)等。

亮度调节部分 Lua 参考代码 15.1 如下。

```
01.  function OnLightConnectionCommand(idBinding, strCommand, tParams)
02.   if (strCommand == "GET_CONNECTED_STATE") then
03.       C4:SendToProxy(idBinding, "ONLINE_CHANGED", {
04.         STATE = "True"
05.       })
06.       C4:SendToProxy(idBinding, "ONLINE_CHANGED", "True", "NOTIFY")
```

```
07.        elseif (strCommand == "GET_LIGHT_LEVEL") or (strCommand ==
    "GET_LEVEL") then
08.    C4:SendToProxy(5101, "LIGHT_LEVEL", Properties["Light Level"])
09.        elseif (strCommand == "SET_LEVEL" or strCommand == "SYNC_LINKS"
    or strCommand == "GROUP_SET_LEVEL") then
10.         SendCommand("Dim", "RAMP_TO_LEVEL", tParams);
11.     elseif (strCommand == "BUTTON_ACTION") then
12.         local cmd = nil
13.     if (tParams["ACTION"] == "2" or tParams["ACTION"] == "0") then
14.         if (tParams["BUTTON_ID"] == "0")then
15. cmd = "ON"
16.     elseif (tParams["BUTTON_ID"] == "1") then
17.             cmd = "OFF"
18.           elseif (tParams["BUTTON_ID"] == "2") then cmd = "TOGGLE"
19.             end
20.         end
21.         if (cmd ~= nil) then
22.             SendCommand("Dim", cmd)
23.         end
24.     elseif (strCommand == "TOGGLE") or (strCommand == "TOGGLE_PRESET")
    or (strCommand == "CLICK_TOGGLE_BUTTON") or
25.         (strCommand == "RELEASE_TOGGLE_BUTTON") then
26.         SendCommand("Dim", "TOGGLE")
27. elseif (strCommand == "PUSH_SCENE") then -- support advance light scene
28.         gSceneInfo1[tonumber(tParams["SCENE_ID"])] = ParseXml
    (tParams["ELEMENTS"])
29.     elseif (strCommand == "ACTIVATE_SCENE") then
30.         gActiveSID1 = tonumber(tParams["SCENE_ID"])
31.         local info = gSceneInfo1[gActiveSID1]
32.         if (info.element.delay ~= nil) then
33. info["TimerID2"] = C4:AddTimer(info.element.delay, "MILLISECONDS",
    false)
34. end
35. }
```

(2) 灯光智能控制附属程序(Xml 代码)。

Xml 程序可以实现定义和保存 Lua 主程序所用到的一些机构化数据。Xml 核心参考代码 15.2 如下。

```xml
01.  <devicedata>
02.      <name>inSona_BLE_RGBCW</name>
03.      <model>inSona_BLE_RGBCW</model>
04.   <proxies>
05.      <proxy proxybindingid="5001" name="inSona BLE Dimmer Channel">
light_v2</proxy>
06.       <proxy proxybindingid="5002" name="inSona BLE Temp Channel">
light_v2</proxy>
07.       <proxy proxybindingid="5003" name="inSona BLE RGB Channel">
light_v2</proxy>
08.   </proxies>
09.      <control>lua_gen</control>
10.      <driver>DriverWorks</driver>
11.      <composer_categories>
12.      <category>Lighting</category>
13.   </composer_categories>
14.   <version>101</version>
15.   <small>devices_sm/dimmer.gif</small>
16.   <large>devices_lg/dimmer.gif</large>
17.   <capabilities>
18.      <on_off>True</on_off>
19.      <set_level>True</set_level>
20.      <ramp_level>True</ramp_level>
21.      <load_group_support>true</load_group_support>
22.      <supports_broadcast_scenes>false</supports_broadcast_scenes>
23.      <advanced_scene_support>True</advanced_scene_support>
24.      <hide_proxy_events>false</hide_proxy_events>
25.      <hide_proxy_properties>True</hide_proxy_properties>
26.      <dimmer>True</dimmer>
<supports_multichannel_scenes>True</supports_multichannel_scenes>
27.   </capabilities>
```

习题

1. 什么是智能家居？何谓智能家居系统？
2. 智能家居系统有什么功能？
3. 简述人工智能系统。
4. 简述 Control 4 智能家居技术。
5. 结合生活应用，举例分析智能家居案例。

附　　录

附录 A　Python 扩展库及其主要函数

所属库	函　数	函数说明	函数示例
NumPy 库	mean(arr, axis=0) max(arr) min(arr)	mean 求得数组 arr 的平均值； max(arr)求得数组的最大值； min(arr)求得数组的最小值	import numpy as np data = np.array([1, 2, 3, 4, 5]) mean_data = np.mean(data) Max_data = np.max(data) Min_data = np.min(data)
	dot(arr1, arr2)	求矩阵 arr1 和矩阵 arr2 的乘法运算	import numpy as np arr1 = np.array([[1, 2], [3, 4]]) arr2 = np.array([[5, 6], [7, 8]]) print(np.dot(arr1, arr2))
	var()	求矩阵的方差	import numpy as np arr1 = np.array([[1, 2], [3, 4]]) np.var(arr1)
	std()	求矩阵的标准差	import numpy as np arr1 = np.array([[1, 2], [3, 4]]) np.std(arr1)
	np.cov(a,b,ddof=0)[1][0]	求矩阵 a 和矩阵 b 的协方差	import numpy as np arr1 = np.array([[1, 2], [3, 4]]) arr2 = np.array([[5, 6], [7, 8]]) print(np.cov(arr1, arr2))
Pandas 库	read_csv(file,sep=',', header=0)	可以读取.csv 文件，也可以直接读取.txt 文件信息(其中 txt 内容用逗号隔开)。 file 为文件名； sep=','默认按逗号分隔来获取 txt 里的数据； header=0 表示从文件的第一行推断列名	import pandas as Pd Pd.read_csv("hourse.txt",sep='=',header=0)

续表

所属库	函 数	函数说明	函数示例

Pandas库	reshape(a,b)	可以根据指定的数值将数据转换为特定的行数 a 和列数 b	import numpy as np
			arr = np.array([1,2,3,4,5])
			#直接变成了一行未知列
			reshape(1,-1)
			#直接变成了一列未知行
			reshape(-1,1)
			其中，-1 代表未知数，1 代表 1

Pyplot库	scatter(x, y, s=None, c=None,marker)	用于绘制散点图。
		x,y：分别为 X、Y 坐标向量；
		s：s 点的直径大小，为 0~20；
		c：c 点的颜色值，默认颜色为'b'；
		marker：散点形状，可以是"."或"O"等
			import matplotlib.pyplot as Plt
			#给(x,y)绘制蓝色的散点图
			Plt.scatter(x,y,c='b')

	plot(x, y, format_string)	根据(x,y)坐标向量绘图。 x：X 轴数据，列表或数组可选； y：Y 轴数据，列表或数组； format_string：控制曲线的格式字符串，由颜色字符、风格字符和标记字符组成	import numpy as np import matplotlib.pyplot as plt a=np.arange(10) plt.plot(a,a*1.5,'-') plt.show()
	show()	show()函数用于显示所有图形	import matplotlib.pyplot as Plt Plt.show()
Sklearn机器学习库	from sklearn import linear_model	从机器学习库里导入 linear_model 包	linear_model 是 Scikit-learn 机器学习库中的一个模块，它包含了各种线性模型，包括线性回归、岭回归、Lasso 回归、Elastic Net 回归、Logistic 回归等。这些模型基于线性假设，即预测结果是输入特征的线性组合

续表

所属库	函　数	函数说明	函数示例
Sklearn 机器学习库	LinearRegression(*, fit_intercept=True, normalize='deprecated', copy_X=True, n_jobs=None, positive=False)	创建线性回归模型。 fit_intercept：默认为 True，计算模型的截距； normalize：默认为 False，如果为 True，那么训练样本会在回归之前被归一化； copy_X：默认为 True，否则特征矩阵被线性回归影响并覆盖； n_jobs：用于计算的作业数	from sklearn import linear_model model=linear_model.LinearRegression(fit_intercept=True,normalize=False)
	train_test_split(*arrays, test_size=None, train_size=None, random_state=None)	对样本数据集进行分配，按 test_size 分成训练样本数据集和测试样本数据集。 arrays：数据集。 test_size：表示测试集在数据集中占的比例，应介于 0.0 和 1.0 之间。 train_size：数据类型为 float 或 int，默认为 None，如果是 float，则应介于 0.0 和 1.0 之间，并表示要包含在序列拆分中的数据集的比例。 random_state：输入一个值便可以得到可复制的输出数据类型为 int，填入随机状态实例或无，默认值为 None	import numpy as np from sklearn.model_selection import train_test_split X, y = np.arange(10).reshape((5, 2)), range(5) # 划分 test 数据集的比例为 0.2，所以测试集的比例为测试大小的补码 0.8 X_train, X_test, y_train, y_test = train_test_split(X, y, test_size=0.2, random_state=42) print("X_train 数据集为：", X_train) print("X_test 数据集为：", X_test) print("y_train 数据集为：", y_train) print("y_test 数据集为：", y_test)

续表

所属库	函　数	函数说明	函数示例

Sklearn 机器学习库	fit(x_train,y_train)	根据给定的训练数据进行学习并训练出数据模型。
		x_train：训练数据的特征，通常是一个二维数组或矩阵，每一行代表一个样本，每一列代表一个特征。
		y_train：训练数据的标签(数据类别)，通常是一个一维数组。每个元素对应一个样本的标签。
			# 从 sklearn 线性回归库中导入 linear_model 扩展库
			from sklearn import linear_model
			import joblib
			x_train=[100,120,200,110,150]
			y_train=[120,144,240,230,173]
			# 用线性回归算法拟合线性模型
			model=linear_model.Linear Regression(fit_intercept=True, normalize=False)
			model.fit(x_train,y_train)

	predict(test_data)	用于预测测试数据集。test_data 为待测试的数据，最终返回样本所属的类别标签	label=predict(test_data) #调用 predict 函数对 test_data 进行测试，返回类别值 label

	score(x_train,y_train)	返回训练样本模型的准确度。
		x_train：训练数据的特征，通常是一个二维数组或矩阵，每一行代表一个样本，每一列代表一个特征。
		y_train：训练数据的标签(数据类别)，通常是一个一维数组。每个元素对应一个样本的标签。
			#调用 score 函数测试训练样本的准确度
			model.score(x_train,y_train)

	load_breast_cancer()	从机器学习库的数据集中导入乳腺癌数据集	#从机器学习库数据集sklearn.datasets 中导入乳腺癌数据集
			from sklearn.datasets import load_breast_cancer
			#获取乳腺癌数据集
			Cancer=load_breast_cancer()

所属库	函　数	函数说明	函数示例

Sklearn机器学习库	sklearn.datasets.load_boston()	从机器学习库的数据集中导入波士顿房价数据集	#从机器学习库数据集 sklearn.datasets 中导入波士顿房价数据集
			from sklearn.datasets import load_boston
			#获取波士顿数据集
			The_data=load_boston()

	sklearn.datasets.load_iris()	从机器学习库的数据集中导入鸢尾花数据集	#从机器学习库数据集 sklearn.datasets 中导入鸢尾花数据集
			from sklearn.datasets import load_iris
			#获取鸢尾花数据
			The_data=load_iris()

	sklearn.datasets .load_diabetes()	从机器学习库的数据集中导入糖尿病数据集	#从机器学习库数据集 sklearn.datasets 中导入糖尿病数据集
			from sklearn .datasets import load_diabetes
			#获取糖尿病数据集
			The_data=load_diabetes()

	sklearn.datasets.load_digits(return_X_y=True)	从机器学习库的数据集中导入手写数字数据集	#从机器学习库数据集 sklearn.datasets 中导入手写数字数据集
			from sklearn.datasets import load_digits
			#获取手写数字数据集
			The_data=load_digits()

所属库	函　数	函数说明	函数示例

Sklearn
机器学
习库
	sklearn.datasets.load_
	linnerud()
		从机器学习库的数据集
		中导入体能训练数据集
			#从机器学习库数据集 sklearn.datasets
			中引入体能训练数据集
			from sklearn.datasets import
			load_linneru
			#获取体能训练数据集
			The_data=load_linnerus()

	from sklearn import
	linear_model
		从机器学习库中导入回
		归模型
			#从机器学习库中引入回归型模型
			from sklearn import linear_model
			#获取线性回归模型
			Reg= LinearRegression()

	from sklearn import
	svm
		从机器学习库中导入
		SVM 模型
			#从机器学习库中引入 SVM 算法
			from sklearn import svm
			#获取线性回归模型
			#创建模型
			clf = svm.SVC()

	from sklearn import
	neighbors
		从机器学习库中导入
		KNN 模型
			#从机器学习库中引入 k 近邻模型
			from sklearn import neighbors
			# 获得 5 近邻模型 model
			model=.KNeighborsClassifier
			(n_neighbors=5, n_jobs=1) #分类

	from sklearn.neural_
	network import
	MLPClassifier
		从机器学习库中导入人
		工神经网络模型
			#从机器学习库中引入 SVM 模型
			from sklearn.neural_network
			import MLPClassifiemodel
			#创建并训练神经网络模型
			mlp = MLPClassifier(hidden_layer_
			sizes=(100,), max_iter=300,
			activation='relu', solver='adam',
			random_state=42)

所属库	函　　数	函数说明	函数示例

Sklearn 机器学习库	from sklearn import tree	从机器学习库中导入决策树模型	#从机器学习库中导入决策树模块
			from sklearn import tree
			#对决策树模块实例化
			clf = tree.DecisionTreeClassifier()
			#用训练集数据训练模型
			clf = clf.fit(X_train,y_train)
			#导入测试集，从接口中调用需要的信息
			result = clf.score(X_test,y_test)

	from sklearn.cluster import KMeans	从机器学习库中导入 k 均值模型	#从机器学习库中导入 k 均值模块
			from sklearn.cluster import KMeans
			import numpy as np
			#构造数据样本点集 X，并计算 k-means 聚类
			X = np.array([[1, 2], [1, 4], [1, 0], [4, 2], [4, 4], [4, 0]])
			#输出及聚类后的每个样本点的标签(即类别)，预测新的样本点所属类别
			kmeans = KMeans(n_clusters=2, random_state=0).fit(X)

cv2 机器学习库	imread(filepath, flags)	从文件中读取一幅图像。 filepath：读入 imge 的完整路径。 flags：标志位。 {cv2.IMREAD_COLOR, cv2.IMREAD_GRAYSCALE, cv2.IMREAD_UNCHANGED}	import cv2 Img=cv2.imread(c:\Picture01.jpg) #把 c 盘下的 Picture01.jpg 图片读取进来，放在 Img 标量中

所属库	函 数	函数说明	函数示例
cv2 机器学习库	cvtColor(image, code)	把 image 图片进行色彩空间转换，image 为要转换的图像。 Code 有： cv2.COLOR_RGB2GRAY #把 RGB 颜色转换为灰度图 cv2.COLOR_GRAY2RGB #把灰度图转换为 RGB 颜色	import cv2 Img=cv2.imread(c:\Picture01.jpg) Gray=cv2.cvtColor(Img,cv2.COLOR_RGB2GRAY) #把 Img 图像转换为灰度图，并放置在 Gray 变量中
	CascadeClassifier (model)	创建级联分类器。 model：训练好的样本模型，主要有如下几种。 haarcascade_frontalface_default.xml：人脸正脸检测模型； haarcascade_profileface.xml：人脸侧脸检测模型； haarcascade_lefteye_2splits.xml：左眼检测模型	import cv2 FaceCascade=cv2.CascadeClassifier("haarcascade_frontalface_default.xml") #通过 haarcascade_frontalface_default.xml 模型文件创建人脸正脸检测对象函数 FaceCascade
	detectMytiScale (image, scale, minNeig)	用于检测出图片中所有的人脸。 image：为待检测的图像； scale：表示在前后两次相继的扫描中搜索窗口的比例系数，默认为 1.1，即每次搜索窗口依次扩大 10%； minNeig：表示构成检测目标的相邻矩形的最小个数	import cv2 FaceCascade=cv2.CascadeClassifier("haarcascade_frontalface_default.xml") Img=cv2.imread(c:\Picture01.jpg) Gray=cv2.cvtColor(Img,cv2.COLOR_BGR2GRAY) Faces=FaceCascade.detectMytiScale(Gray,1.3,5) #对灰度图 Gray 按上一次窗口 1.3、相邻矩阵最小个数为 5 的方式进行检测人脸，并把检测的每一个人脸向量(x,y,w,h)返回给 Faces 变量

所属库	函　数	函数说明	函数示例
cv2 机器学习库	rectangle(img, start, end, color, bord)	用于在图像上某个区域绘制矩形。 img：待绘制矩形的图像； start：矩形的起始坐标； end：矩形的结束坐标； color：表示要绘制的矩形的边界线 RGB 颜色值； bord：矩形边框线的粗细	import cv2 Img=cv2.imread(c:\Picture01.jpg) cv2.rectangle(Img,(10,10),(20,20),(0,0,255),1) #在 Img 图像的起始坐标(10,10)、终止坐标(20,20)上绘制蓝色(0,0,255)、线框为 1 的矩形框
	imshow(Frame, image)	用于在某个图像窗口中显示某张图像。 Frame：表示显示窗口的名称，常用字符串表示，比如"123"； image：表示要显示的图像	import cv2 Img=cv2.imread(c:\Picture01.jpg) cv2.imshow("Test",Img) #在 Test 窗口中显示 Img 图像
	LBPHFaceRecognizer_create()	用于创建 LBPHFace 人脸识别模型	import cv2 FaceRecog=cv2.face.LBPHFaceRecognizer_create()
	train(Images,Np.array(Ids))	用于根据图像 Images 和对应的 Ids 训练人脸识别模型。 Images：待训练的人脸图像； Np.array(Ids)：人脸身份信息	import cv2 FaceRecog=cv2.face.LBPHFaceRecognizer_create() FaceRecog.train(Images,Np.array(Ids)) #对人脸图像数据、人脸身份数据进行训练
	save(FilePath)	用于保存指定格式的文件。 FilePath 为要保存的文件	import cv2 FaceRecog=cv2.face.LBPHFaceRecognizer_create() FaceRecog.train(Images,Np.array(Ids)) FaceRecog.save('Models\LBPHFaceRec.xml') #将训练好的模型保存为 Models 文件夹下的 LBPHFaceRec.xml 文件

所属库	函　数	函数说明	函数示例
cv2 机器学习库	read(FilePath)	用于读取指定格式的文件。 FilePath 为要读取的文件	import cv2 FaceRec=cv2.face. LBPHFaceRecognizer_create() FaceRec.read('Models\LBPHFace Rec.xml') #读取文件 LBPHFaceRec.xml

os 操作系统库	os.path.join(path1, path2,*)	用于连接文件路径。
		path1：初始路径；
		path2：需要拼接在其后的路径；
		*：表示其他多个路径。
		如果各路径法人首字母不包含"\"，则函数会自动加上
			import os
			path1 = 'home'
			path2 = 'develop'
			path10=os.path.join(path1,path2)
			print ('path10 = ',path10)
			#输出结果：
			path10=home\develop

	os.path.split(FilePath)	用于将路径名 FilePath 拆分为一对 head 和 tail。 head：路径名称； tail：完整文件名称(包括文件名+格式)	import os FilePath='C:\123\test.txt' Name =os.path.split(FilePath) print(Name[0]) print(Name[1]) #输出结果 C:\123 test.txt
PIL 库	Image.open(FilePath).convert('L')	用于打开某个文件并转换成灰度图。 open(FilePath)：打开某个文件； convert('L')：转换为灰度图	from PIL import Image PIL_img=Image.open('c:\123\456.jpg').covert('L') #打开 456.jpg，并转换成灰度图
	array(Img,'uint8')	将图像转换为数组。 Img：待转换的图像； uint8：表示转换后的数字格式是 8 位整数类型，数字范围为 0～255	Import numpy as Np from PIL import Image PIL_img=Image.open('c:\123\456.jpg').covert('L') Img_numpy=Np.array('PIL_img','uint8') #把图像转换成数组，每个数组元素类型是 uint8

附录 B　使用 YOLO 算法检测小车代码

参考代码 13-1：车辆训练参考代码。

```
01.  import argparse, sys, os, warnings
02.  warnings.filterwarnings('ignore')
03.  from pathlib import Path
04.  from ultralytics import YOLO
05.  import torch
06.
07.  FILE = Path(__file__).resolve()
08.  ROOT = FILE.parents[0]  # YOLOv5 root directory
09.  if str(ROOT) not in sys.path:
10.      sys.path.append(str(ROOT))  # add ROOT to PATH
11.  ROOT = Path(os.path.relpath(ROOT, Path.cwd()))  # relative
12.
13.  def str2bool(str):
14.      return True if str.lower() == 'true' else False
15.
16.  def transformer_opt(opt):
17.      opt = vars(opt)
18.      if opt['unamp']:
19.          opt['amp'] = False
20.      else:
21.          opt['amp'] = True
22.      del opt['yaml']
23.      del opt['weight']
24.      del opt['info']
25.      del opt['unamp']
26.      return opt
27.
28.  def parse_opt():
```

```
29.     parser = argparse.ArgumentParser()
30.     parser.add_argument('--yaml',  type=str,  default='ultralytics/
models/v8/yolov8n.yaml', help='model.yaml path')
31.     parser.add_argument('--weight',  type=str,  default='',  help=
'pretrained model path')
32.     parser.add_argument('--cfg', type=str, default='hyp.yaml', help=
'hyperparameters path')
33.     parser.add_argument('--data', type=str, default='D:/yolo_learnings/
yolov8-main/data/car_data.yaml', help='data yaml path')
34.     parser.add_argument('--epochs', type=int, default=100, help=
'number of epochs to train for')
35.     parser.add_argument('--patience', type=int, default=100, help=
'EarlyStopping patience (epochs without improvement)')
36.     parser.add_argument('--unamp',  action='store_true',  help='Unuse
Automatic Mixed Precision (AMP) training')
37.     parser.add_argument('--batch', type=int, default=64, help='number
of images per batch (-1 for AutoBatch)')
38.     parser.add_argument('--imgsz', type=int, default=640, help='size
of input images as integer')
39.     parser.add_argument('--cache', type=str, nargs='?', const='ram',
help='image --cache ram/disk')
40.     parser.add_argument('--device', type=str, default='0', help='cuda
device, i.e. 0 or 0,1,2,3 or cpu')
41.     parser.add_argument('--workers', type=int, default=0, help='max
dataloader workers (per RANK in DDP mode)')
42.     parser.add_argument('--project', type=str, default=ROOT /
'runs/train', help='save to project/name')
43.     parser.add_argument('--name', type=str, default='exp', help='save
to project/name')
44.     parser.add_argument('--resume', type=str, default='', help=
'resume training from last checkpoint')
45.     parser.add_argument('--optimizer',  type=str,  choices=['SGD',
'Adam', 'Adamax', 'NAdam', 'RAdam', 'AdamW', 'RMSProp', 'auto'],
```

```
      default='SGD', help='optimizer (auto -> ultralytics/yolo/engine/
      trainer.py in build_optimizer function.)')
46.   parser.add_argument('--close_mosaic', type=int, default=0, help=
      '(int) disable mosaic augmentation for final epochs')
47.   parser.add_argument('--info', action="store_true", help='model
      info verbose')
48.
49.   parser.add_argument('--save', type=str2bool, default='True', help=
      'save train checkpoints and predict results')
50.   parser.add_argument('--save-period', type=int, default=-1, help=
      'Save checkpoint every x epochs (disabled if < 1)')
51.   parser.add_argument('--exist-ok', action='store_true', help=
      'existing project/name ok, do not increment')
52.   parser.add_argument('--seed', type=int, default=0, help='Global
      training seed')
53.   parser.add_argument('--deterministic', action="store_true", default=
      True, help='whether to enable deterministic model')
54.   parser.add_argument('--single-cls', action='store_true', help=
      'train multi-class data as single-class')
55.   parser.add_argument('--rect', action='store_true', help='rectangular
      training')
56.   parser.add_argument('--cos-lr', action='store_true', help='cosine
      LR scheduler')
57.   parser.add_argument('--fraction', type=float, default=1.0, help=
      'dataset fraction to train on (default is 1.0, all images in train set)')
58.   parser.add_argument('--profile', action='store_true', help='profile
      ONNX and TensorRT speeds during training for loggers')
59.
60.   # Segmentation
61.   parser.add_argument('--overlap_mask', type=str2bool, default='True',
      help='masks should overlap during training (segment train only)')
62.   parser.add_argument('--mask_ratio', type=int, default=4, help=
      'mask downsample ratio (segment train only)')
```

```
63.
64.  # Classification
65.      parser.add_argument('--dropout', type=float, default=0.0, help=
     'use dropout regularization (classify train only)')
66.
67.      return parser.parse_known_args()[0]
68.
69.  class YOLOV8(YOLO):
70.      '''
71.      yaml:model.yaml path
72.      weigth:pretrained model path
73.      '''
74.      def   __init__(self,  yaml='ultralytics/models/v8/yolov8n.yaml',
     weight='', task=None) -> None:
75.          super().__init__(yaml, task)
76.          if weight:
77.              self.load(weight)
78.
79.  if __name__ == '__main__':
80.      opt = parse_opt()
81.      print(torch.__version__)
82.      print(torch.cuda.is_available())
83.
84.      model = YOLOV8(yaml=opt.yaml, weight=opt.weight)
85.      if opt.info:
86.          model.info(detailed=True, verbose=True)
87.          model.profile(opt.imgsz)
88.          print('before fuse...')
89.          model.info(detailed=False, verbose=True)
90.          print('after fuse...')
91.          model.fuse()
92.      else:
93.          model.train(**transformer_opt(opt))
```

参考代码 13-2：车辆检测参考代码。

```
01.   import argparse, warnings
02.   warnings.filterwarnings('ignore')
03.   from ultralytics import YOLO
04.   def transformer_opt(opt):
05.       opt = vars(opt)
06.       del opt['source']
07.       del opt['weight']
08.       return opt
09.
10.   def parse_opt():
11.       parser = argparse.ArgumentParser()
12.       parser.add_argument('--weight', type=str, default='yolov8n.pt',
      help='training model path')
13.       parser.add_argument('--source', type=str, default='ultralytics/assets',
      help='source directory for images or videos')
14.       parser.add_argument('--conf', type=float, default=0.25, help=
      'object confidence threshold for detection')
15.       parser.add_argument('--iou', type=float, default=0.7, help=
      'intersection over union (IoU) threshold for NMS')
16.       parser.add_argument('--mode', type=str, default='predict', choices=
      ['predict', 'track'], help='predict mode or track mode')
17.       parser.add_argument('--project', type=str, default='runs/detect',
      help='project name')
18.       parser.add_argument('--name', type=str, default='exp', help=
      'experiment name (project/name)')
19.       parser.add_argument('--show', action="store_true", help='show
      results if possible')
20.       parser.add_argument('--save_txt', action="store_true", help='save
      results as .txt file')
21.       parser.add_argument('--save_conf', action="store_true", help='save
      results with confidence scores')
```

```
22.     parser.add_argument('--show_labels', action="store_true", default=
    True, help='show object labels in plots')
23.     parser.add_argument('--show_conf', action="store_true", default=
    True, help='show object confidence scores in plots')
24.     parser.add_argument('--vid_stride', type=int, default=1, help=
    'video frame-rate stride')
25.     parser.add_argument('--line_width', type=int, default=3, help='line
    width of the bounding boxes')
26.     parser.add_argument('--visualize', action="store_true", help=
    'visualize model features')
27.     parser.add_argument('--augment', action="store_true", help='apply
    image augmentation to prediction sources')
28.     parser.add_argument('--agnostic_nms', action="store_true", help=
    'class-agnostic NMS')
29.     parser.add_argument('--classes', nargs='+', type=int, help='filter
    by class: --classes 0, or --classes 0 2 3')
30.     parser.add_argument('--retina_masks', action="store_true", help=
    'use high-resolution segmentation masks')
31.     parser.add_argument('--boxes', action="store_true", default=True,
    help='Show boxes in segmentation predictions')
32.     parser.add_argument('--save', action="store_true", default=True,
    help='save result')
33.     parser.add_argument('--tracker', type=str, default='bytetrack.yaml',
    choices=['botsort.yaml', 'bytetrack.yaml'], help='tracker type,
    [botsort.yaml, bytetrack.yaml]')
34.
35.     return parser.parse_known_args()[0]
36.
37. class YOLOV8(YOLO):
38.     '''
39.     weigth:model path
40.     '''
```

```
41.     def __init__(self, weight='', task=None) -> None:
42.         super().__init__(weight, task)
43.
44. if __name__ == '__main__':
45.     opt = parse_opt()
46.
47.     model = YOLOV8(weight=opt.weight)
48.         model.predict(source=opt.source, **transformer_opt(opt))
49.     elif opt.mode == 'track':
50.         model.track(source=opt.source, **transformer_opt(opt))
```

参 考 文 献

[1] 中国电子技术标准化研究院. 人工智能标准化白皮书[R]. 2018.

[2] 李德毅, 于剑. 人工智能导论[M]. 北京：中国科学技术出版社，2018.

[3] 王万良. 人工智能导论[M]. 4 版. 北京：高等教育出版社，2017.

[4] 樊重俊. 人工智能基础与应用[M]. 北京：清华大学出版社，2020.

[5] 郑树泉，王倩，武智霞，等. 工业智能技术与应用[M]. 上海：上海科学技术出版社，2019.

[6] 李刚. 人工智能技术基础[M]. 北京：北京大学出版社，2022.

[7] 宋楚平，陈正东，邵世智，等. 人工智能基础与应用[M]. 北京：人民邮电出版社，2021.

[8] 齐勇刚，乔媛媛，刘军. 人工智能核心：神经网络[M]. 青少科普版. 北京：清华大学出版社，2021.

[9] 尼古拉·萨布雷. 漫画图解人工智能[M]. 王月玲，译. 北京：北京联合出版公司，2021.

[10] 王万良. 人工智能导论[M]. 3 版. 北京：高等教育出版社，2011.

[11] 教育部教育考试院. 2023 全国计算机等级考试二级教程：Python 语言程序设计[M]. 北京：高等教育出版社，2023.

[12] 赵广辉，李敏之，邵艳玲. Python 程序设计基础[M]. 北京：高等教育出版社，2021.

[13] 董付国. Python 程序设计基础[M]. 2 版. 北京：清华大学出版社，2018.

[14] 王刚，郭蕴，王晨. 自然语言处理基础教程[M]. 北京：机械工业出版社，2022.

[15] 宗成庆. 统计自然语言处理[M]. 2 版. 北京：清华大学出版社，2013.

[16] 王志立，雷鹏斌，吴宇凡. 自然语言处理：原理、方法与应用[M]. 北京：清华大学出版社，2023.

[17] 王衡军. 机器学习：Python+Sklearn+TensorFlow 2.0(微课视频版)[M]. 北京：清华大学出版社，2020.

[18] 安德里亚斯·穆勒，莎拉·吉多. Python 机器学习基础教程[M]. 张亮，译. 北京：人民邮电出版社，2018.

[19] 冯超. 人工智能：深度学习核心算法[M]. 北京：电子工业出版社，2020.

[20] 王琦，杨毅远，江季. Easy RL 强化学习教程[M]. 北京：人民邮电出版社，2022.

[21] 王琦. Easy RL 强化学习教程[M]. 北京：人民邮电出版社，2022.

[22] 刘春雷. 人工智能原理与实践[M]. 北京：北京大学出版社，2022.

[23] 张远望. 人工智能与应用[J]. 中国科技纵横. 2015(20)：20-25 .

[24] 刘波. 人工智能在电气工程自动化控制技术中的应用[J]. 山东工业技术. 2014(14).

[25] 李长云，王志兵. 智能感知技术及在电气工程中的应用[M]. 成都：电子科技大学出版社，2017.

[26] 威盛人工智能研究院. 人工智能实践教程图像识别[M]. 北京：人民邮电出版社，2018.

[27] 威盛人工智能研究院. 人工智能实践教程语音识别基础[M]. 北京：人民邮电出版社，2018.

[28] 威盛人工智能研究院. 人工智能实践教程无人驾驶实践教程[M]. 北京：人民邮电出版社，2018.

[29] 田晋跃，罗石. 无人驾驶技术[M]. 北京：化学工业出版社，2020.

[30] 斯蒂芬·沃尔弗拉姆. 这就是 ChatGPT[M]. WOLFRAM 传媒汉化小组，译. 北京：人民邮电出版社，2023.

[31] 颜晋南，朱小斌，尤呢呢. 智能家居设计全书：底层逻辑+设计原则+案例解析+单品推荐[M]. 南京：江苏凤凰科学技术出版社，2022.